安全成长每一天

ANQUAN
CHENGZHANG
MEIYITIAN

《安全成长每一天》编委会·编

黄河出版传媒集团
阳光出版社

图书在版编目（CIP）数据

安全成长每一天/《安全成长每一天》编委会编
. -- 银川：阳光出版社，2017.3
ISBN 978-7-5525-3509-9

Ⅰ.①安…Ⅱ.①安…Ⅲ.①安全教育–青少年读物
Ⅳ.①X956-49

中国版本图书馆CIP数据核字(2017)第051336号

安全成长每一天

《安全成长每一天》编委会 编

责任编辑　申　佳
装帧设计　魏　佳　晨　皓
责任印制　岳建宁

黄河出版传媒集团
阳　光　出　版　社　出版发行

出 版 人　王杨宝
地　　址　宁夏银川市北京东路139号出版大厦（750001）
网　　址　http：//www.yrpubm.com
网上书店　http：//www.hh-book.com
电子信箱　yangguang@yrpubm.com
邮购电话　0951-5047283
经　　销　全国新华书店
印刷装订　宁夏凤鸣彩印广告有限公司
印刷委托书号　（宁）0004368

开　　本　880mm×1230mm　1/32
印　　张　6.75
字　　数　100千字
版　　次　2018年1月第1版
印　　次　2018年1月第1次印刷
书　　号　ISBN 978-7-5525-3509-9
定　　价　22.80元

目 录

自然灾害避险常识

地震

地震，又称地动、地振动，是地壳快速释放能量过程中造成振动，并产生地震波的一种自然现象。由于地震预报还处于研究阶段，绝大多数地震还不能做出临震预报，地震的发生往往出乎预料。地震瞬间发生，作用时间很短，最短十几秒，最长两三分钟，就会造成山崩地裂，房倒屋塌，甚至造成重大人员伤亡。同时，地震还易引起火灾、有毒有害气体扩散等次生灾害。

▲当地震发生、感觉到晃动的时候，我们应该怎么做呢？

在家里，要立即躲到就近的书桌下、床下、卫生间、墙角。

在影剧院、体育馆等处，要沉着冷静，特别是断电时，应就地蹲下或躲在排椅下，注意避开吊灯、电扇等悬挂

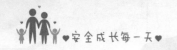

物，用包、衣服等保护头部。

在商场、书店、展览馆等处，应选择结实的柜台、商品、柱子以及内墙角就地蹲下，用手或衣服等其他东西护头，避开玻璃门窗和玻璃橱柜。

在教室里，要在老师的指挥下，迅速抱头，躲在各自的课桌下，或快速有序地离开教室。

在户外，如果正行走在高楼旁的人行道上，要迅速躲到高楼的门口处，以防碎片掉下被砸伤。坐在汽车里要让司机就地停车。在山坡上，千万不要跟着滚石往山下跑，应躲在山坡上隆起的小山包背后，同时要远离悬崖峭壁，以防崩塌、滑坡和泥石流。

在海边，如果发现海水突然后退，比退潮更快、更低，就可能是地震引发了海啸，应尽快向高处转移。

地震后，如果被砸伤或埋在倒塌物下面，不要害怕，哭叫会消耗自己的体力，要先冷静观察周围环境，寻找通道想办法出去。若无通道，则要保存体力，静听外面的动静，可敲击铁管或墙壁使声音传出去，等待大人的救援。

暴风雪

冬天，当云中的温度变得很低时，云中的小水滴结冰。当这些结冰的小水滴撞到其他的小水滴时，这些小水滴就变成了雪。它们变成雪之后，会继续与其他小水滴或雪相撞。当这些雪变得太大时，就会往下落。大多数雪是无害的，但当风速达到每小时56千米，温度降到 -5℃以下，并有大量的雪时，暴风雪便形成了。

▲遇到暴风雪的时候，我们应该注意什么呢？

遇到暴风雪天气，应该避免出行，待在家里，锁好门窗，帮助爸爸妈妈做好室内的保暖工作。

在户外，应该立即寻找背风挡雪的地方。不能躲在低地，如坑沟里，那样很容易被大雪掩埋。也不要随意行走，要紧跟在大人身旁，以防迷失方向。

在旷野，则要蹲下身子，捂住头和脸，减少暴风雪

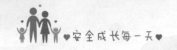
对身体的冲击，防止被风卷走。

　　还要注意在小空间里尽可能多地活动身体和手脚，防止冻僵。

顺口溜

　　暴雪天，人慢跑，背着风向别停脚，身体冻僵无知觉，千万不能用火烤，冰雪搓洗血循环，慢慢温暖才见好。

雪崩

积雪的山坡上，当积雪内部的内聚力抵抗不了它所受到的重力拉引时，就会向下滑动，引起大量雪体崩塌，人们把这种自然现象称作雪崩，也有的地方把它叫作雪塌方、雪流沙或推山雪。雪崩首先从覆盖着白雪的山坡上部开始，先是出现一条裂缝，接着巨大的雪体开始滑动。雪体在向下滑动的过程中，迅速获得高速度，向山下冲去。

▲遇上雪崩是很危险的；在雪山上或者附近活动时，我们应该注意什么呢？

大雪刚停或连续下几场雪后不要上山。此时，新下的雪或上层的积雪很不稳固，稍有扰动都会引发雪崩。大雪之后常常伴有好天气，必须放弃好天气等待危险过去。

如必须穿越雪崩区，应在上午 10 时以后再穿越。因为此时太阳已照射雪山一段时间了，若有雪崩发生，

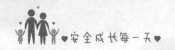

也多在此时以前。

天气时冷时暖中转晴，或是春天开始融雪时，积雪变得很不稳固，很容易发生雪崩。

不要在雪山的陡坡上活动。因为雪崩通常是向下移动的，在陡坡上，就可能发生雪崩。

注意发生雪崩的先兆，例如有冰雪破裂声或低沉的轰鸣声，雪球下滚或仰望山上有云状的灰白尘埃。

雪崩经过的道路，可依据峭壁、比较光滑的地带或极少有树的山坡断层等地形特征辨认出来。

在高山行动和休息时，不要大声说话，以避免因空气震动而引发雪崩。

在雪区活动时，最好在每个人身上系一根红布条，以便万一遭遇雪崩时易于被发现。

在雪崩易发期间，如降雨、大雪、大雾、吹暖风及其后两天内，最好不要进入雪崩危险区。

▲如果真的遭遇了雪崩，我们应该怎么做呢？

遇到雪崩时，切勿向山下跑。雪崩的速度可达每小时 200 千米。这时应该向山坡两边跑，或者跑到地势较高的地方。

抛弃身上所有的重物，如背包、滑雪板、滑雪杖等。带着这些物件，倘若陷在雪中，活动起来会更加困难。用围巾覆盖住口、鼻部分，以避免吞下雪。

跑不过雪崩的话，闭口屏气是最好的选择，因为气浪的冲击更可怕。如果雪崩不是很大，可以抓住树木、岩石等坚固的物体。即使有一阵子陷入雪中，但冰雪终究会泻完，那时便可脱险了。

如果被雪崩冲下山坡，一定要设法爬到冰雪表面，同时以仰泳或狗刨式泳姿逆流而上，逃向雪流边缘。压住身体的冰雪越少，逃生的机会就越大。

如果被雪埋住，让口中的口水流出，确定自己真实的上下方位，然后向上方破雪自救。一定要奋力破雪而出，因为雪崩停止数分钟后，碎雪就会凝成硬块，使手脚活动困难，逃生难度加大。如果雪堆很大，一时无法破雪而出，就双手抱头，尽量形成最大的呼吸空间，等待救援。

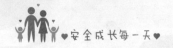

雷电

    雷电是夏季常见的一种自然现象，但它经常造成灾祸。据统计，我国每年因雷电造成的经济损失达亿元以上。雷电一般形成于暖空气和冷空气发生强烈对流的积雨云中，因此常伴有强烈的阵风和暴雨，有时还伴有冰雹和龙卷风。积雨云体态庞大，云冠高耸。云体内存在冰晶、过冷水滴和霰。当冰晶和霰发生碰撞时，短时的摩擦接触使霰粒表面局部温度上升，造成霰粒表面与冰晶之间有温度差。由于温差起电作用，冰晶和霰粒分别带正电荷和负电荷。随着云中空气对流，逐渐形成正负电荷的明显分区，以致产生电位差。当电位差达到一定程度时，电荷分区之间或云地之间就发生击穿空气的放电现象，产生极强的火光和隆隆的巨响。

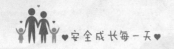

▲遇到雷电天气，我们应该注意什么呢？

不在电线杆、大树、变压器下避雨或停留。大树潮湿的枝干就好像一个引雷装置，容易引起触电，所以打雷时最好与树木保持5米远的距离。

远离金属物体。在室外，要远离建筑物外露的水管、煤气管，同时摘下身上佩戴的发卡、项链等金属物品，因为金属能导电。

正确躲避雷击。如果感觉身上的毛发突然竖了起来，皮肤有轻微的刺痛，这就是雷电快要击中你的征兆。这时应该马上蹲下来，身体前倾，双手抱膝，胸口贴紧大腿，尽量低下头。

切勿奔跑。身体的运动幅度越大，周围的电压就越大，雷电也越容易伤人。

选择正确的躲避点。打雷时，不要在水边、洼地停留，要迅速到附近的房子里避雨，如果在山区，可以躲到山洞里。

狂风暴雨

狂风暴雨天气给我们的生活带来极大的不便。如果不注意，也会给我们的生命安全带来一定的威胁。

狂风暴雨天气，应尽量待在家中。如果在外面遇到了狂风暴雨，一定要注意低洼路段的积水，小心不要踩进水深的坑洼里。不要走在高大建筑物和高层楼的底下。戴上眼镜或系上丝巾等来保护眼睛。坐在车里，要提醒开车的大人注意道路湿滑，不要开快车和紧急刹车。

在郊区、农村、山上、水边游玩时，遇到了狂风暴雨更是要处处小心。长时间大量的降雨可能会使原本就不结实的房屋变得更加脆弱，从而造成倒塌，同时可能引发洪水、泥石流和山体滑坡等。

▲平常下雨的时候，我们要注意什么呢？

下雨的时候，路上非常滑，所以要小心慢行。走坡

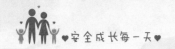

道时，更要特别小心。

打伞时，千万不要让雨伞挡住了视线，要注意看着前方行走。

不要拿着雨伞嬉戏，更不要将伞收起来当作"刀剑"相互打来打去，或是在别人面前突然把伞撑开，这些行为都很危险。

下雨时，开车的人常常看不清行人。我们应该穿戴颜色鲜亮的雨衣、帽子，或者撑颜色鲜亮的雨伞，这样可以引起驾驶员的注意。

刮强风下大雨时，最好穿雨衣上学，因为我们还小，控制不好雨伞。

不要在马路上的积水中踏水或放小船玩耍，这样做非常危险。

泥石流

在山区或者其他沟谷深壑、地形险峻的地区，因为暴雨、暴雪或其他自然灾害引发的山体滑坡，并携带有大量泥沙以及石块而导致的特殊洪流被称为泥石流。泥石流往往突然发生，流速快，流量大，破坏力强，会冲毁公路、铁路等交通设施甚至村镇，造成巨大损伤。

去山地户外游玩时，要选择平整的高地作为营地，切忌在沟道处或沟内的低平处宿营。当遇到长时间降雨或暴雨时，应警惕泥石流的发生。

▲发生泥石流时的反应自救时间很短，我们应该怎么做呢？

泥石流发生前有种种迹象：河流突然断流或水势突然增大，水中有较多柴草、树枝；深谷或沟内传来火车轰鸣或闷雷般的声音；沟谷深处突然变得昏暗并有轻微

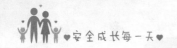

震动等。一旦发现这些情况，应立即观察地形，向开阔地或坚固的高地跑，不要在地势低的地方停留。

如果在山坡附近，立即向与泥石流成垂直方向一边的山坡上跑，跑得越快越好，爬得越高越好。绝对不能顺着泥石流的流动方向跑。

逃生时，要抛弃一切影响奔跑速度的物品。

不要躲在有滚石和大量堆积物的陡峭的山坡下面。

顺口溜

泥石流，滚滚来，要想逃生两边跑，高坡空谷皆安全，远离河岸与沟谷，勿躲大树石头边。

滑坡

　　滑坡是指斜坡上的土体或者岩体，受河流、地下水活动、雨水浸泡、地震及人工切坡等因素影响，在重力作用下沿着一定软弱面或者软弱带，整体地或者分散地顺坡向下滑的自然现象。滑坡虽然是自然灾害，但随着人类对自然环境的开发和改造，人类活动诱发的滑坡越来越多。滑坡不仅造成一定范围内的人员伤亡、财产损失，而且对附近的道路交通造成严重威胁。

　　我们在郊外野营或在山间旅游时，要远离滑坡多发区，不立"危墙"之下。出行前应关注天气，选择安全的扎营点，注意避开悬崖和沟壑。同时，要注意植被覆盖稀少的山坡以及非常潮湿的山坡，因为那里可能会发生滑坡灾害。

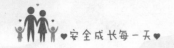

▲遇到滑坡时，我们应该如何自救呢？

选择安全的逃跑路线迅速撤离。如果在户外不幸遇上山体滑坡，切勿慌乱，应该朝着垂直于岩体运动方向的山上跑，选择滑坡外围的两侧作为避灾场所。在安全的逃生线路上，避灾场所离原居住地越近，水、电、交通越方便，脱险的可能性就越大。千万不能顺着滑坡的方向跑，那样会被岩土掩埋。

寻找坚实的障碍物进行躲避。如果实在无法脱身，应该首先注意保护好自己的头部，寻找身边结实固定的遮挡物进行躲避。还可以蹲在地沟、地坎里，或抱住身边的大树等坚固的物体，等待滑坡结束。

在滑坡停止之后，千万不要以为自己已经安全，可以返回住处了。因为滑坡会连续发生，如果贸然行动，一旦遭遇第二次滑坡，就会非常危险。

顺口溜

面对滑坡要镇静，行动迅速不慌神。滑坡两侧来撤退，速度越快越可贵。高速滑坡跑不掉，原地不动大树抱。结实物下可躲避，抱头蹲在地沟里。

龙卷风

龙卷风是大气中最强烈的涡旋现象。它是从雷雨云底伸向地面或水面的一种范围很小但风力极大的强风旋涡。龙卷风常发生于夏季的雷雨天，以下午到傍晚最为多见，影响范围虽小，但破坏力极大。

▲发生龙卷风时，我们应该怎么做呢？

在家时，务必远离门窗和房屋的外围墙壁，躲到与龙卷风运动方向相反的墙壁或小房间内抱头蹲下。躲避龙卷风最安全的地方是地下室或半地下室。

在电杆倒、房屋塌的紧急情况下，应及时切断电源，以防电击人体或引起火灾。

在野外遇到龙卷风时，应就近趴在低洼处，但要远离大树、电杆，以免被砸、被压或触电。

和家长一起开车外出时遇到龙卷风，千万不能开车

躲避，也不要在汽车中躲避，因为汽车对龙卷风几乎没有防御能力。应立即离开汽车，到低洼地躲避。

顺口溜

　　龙卷风，强风暴，一旦袭来进地窖，室内躲避远门窗，电源水源全关掉，室外趴在低洼地，汽车里面不可靠。

台风

台风是形成于热带或副热带，气温在26℃以上的广阔海面上的热带气旋。热带海面温度高，大量的海水被蒸发到空中，形成一个低气压中心。随着气压的变化和地球的自转，流入的空气也旋转起来，形成一个逆时针旋转的空气漩涡，这就是热带气旋。只要气温不下降，这个热带气旋就会越来越强大，最后形成台风。

▲ 发生台风时，我们应该怎么做呢？

让爸爸妈妈多留意媒体报道、拨打气象电话或通过气象网站等了解台风的最新情况，调整外出时间。

家里准备好食物和矿泉水。受台风影响，很可能遇上停电停水，准备些方便面、饼干等干粮和饮用水绝对没错。如果被困上一两天，这些东西就能派上用场了。

清理自家阳台、窗口的花盆和衣架。检查楼道窗户，

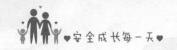

如果有破损，应在第一时间修补完整，以免大风刮起时坠落伤人。

疏通下水道防进水，特别是一楼住户，更要把一些浸不得水的电器、货物以及衣鞋，尽可能地移到高处。

不要在玻璃门、玻璃窗附近逗留。不要开迎风一侧的门窗，避免强气流进入后吹倒房子。

台风来临时，千万不要在危旧住房、工棚、临时建筑、脚手架、电线杆、树木、广告牌、铁塔等容易造成伤亡的地点避风避雨。

台风信号解除，要在撤离地区被宣布为安全以后才可以返回。不要随意使用燃气、自来水、电等。

 顺口溜

台风来，听预报，加固堤坝通水道，煤气电路检修好，临时建筑整牢靠，船进港口深抛锚，减少出行看信号。

水灾

水灾以洪涝灾害为主。洪，指大雨、暴雨引起山洪暴发、河水泛滥、淹没农田、毁坏农业设施等。涝，指雨水过多或过于集中、返浆水过多造成积水成灾。水灾多发生在夏季雨多的时候。

▲遇到突如其来的水灾，我们该如何自救逃生呢？

如果来不及转移，也不必惊慌，可向高处，如结实的楼房、大树上转移，等候救援人员营救。

为防止洪水涌入屋内，首先要堵住大门下面所有的空隙。最好在门槛外侧放上沙袋。如果预计洪水还会上涨，底层窗槛外也要堆上沙袋。

如果洪水不断上涨，应储备一些食物、饮用水、保暖衣物以及烧开水的用具。

如果水灾严重，水位不断上涨，就必须自制木筏逃

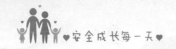

生。任何入水能浮的东西，如床板、箱子及门板等，都可用来制作木筏。

在使用木筏逃生之前，一定要试试木筏能否漂浮。在木筏上准备好桨、食品、发信号的用具，如哨子、手电筒、旗帜、鲜艳的床单等。在离开房屋前，要吃些含较高热量的食物，如巧克力、糖、糕点等，喝些热饮料，以增加体力。

在离开家之前，还要把煤气阀、电源总开关等关上。出门时最好把房门关好，以免家中物品随水漂走。

 顺口溜

  洪水猛，高处行，土房顶上待不成，睡床桌子做木筏，

大树能拴救命绳，准备食物手电筒，穿暖衣服渡险情。

海啸

海啸是一种具有强大破坏力的海水剧烈运动。海底地震、火山爆发、水下塌陷和滑坡等都可能引起海啸。其中海底地震是海啸发生的最主要原因，历史上的特大海啸都是由海底地震引起的。海啸发生在外海时，因为水深，波浪起伏较小，一般不被注意。当它到达岸边浅水区时，巨大的能量使波浪骤然增高，形成十多米甚至更高的一堵堵水墙，排山倒海般冲向陆地。其力量之大，能彻底摧毁岸边的建筑，所到之处满目疮痍、一片狼藉，对人类的生活构成重大威胁。

▲海啸到来前，都有哪些预兆呢？

地震引发海啸的最早信号是地面强烈震动。地震波与海啸的到达有一个时间差，正好有利于做好预防工作。

潮汐突然反常涨落，海平面明显下降或者有巨浪

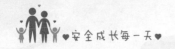

袭来。

海啸前，海水异常退去时往往会把鱼虾等许多海生动物留在浅滩，场面蔚为壮观。

▲发生海啸时，我们该如何自救呢？

出现海啸预兆时，千万不要在海边逗留，应以最快的速度撤离海岸，向内陆高处转移。

发生海啸时，航行在海上的船只不可以回港或靠岸，应该马上驶向深海区。深海区相对于海岸更为安全。

如果发生海啸时不幸落水，要尽量抓住木板等漂浮物，同时注意避免与其他硬物碰撞。

在水中不要举手，也不要挣扎，尽量减少动作，不要游泳，浮在水面随波漂流即可。这样既可以避免下沉，又能够减少体能的无谓消耗。

如果海水温度偏低，不要脱衣服。

不要喝海水。人体为了排出 100 克海水中含有的盐类，要排出 150 克左右的水分。所以海水不仅无法补充人体必需的水分，反而会加快脱水，造成死亡

尽可能向其他落水者靠拢，这样既便于相互帮助和鼓励，又因为目标扩大，更容易被救援人员发现。

　　人在海水中长时间浸泡，热量散失会造成体温下降。被救上岸后，最好能泡在温水里恢复体温。没有条件时也应尽量裹上被、毯、大衣等保温。

沙尘暴

沙尘暴是沙暴和尘暴的总称，是指强风将地面大量的沙尘卷入空中，使空气特别混浊，水平能见度小于1000米的灾害性天气。随着水土的不断流失，形成大面积沙漠化的土地，沙尘暴发生的频率越来越高，波及的范围越来越广，造成的损失也越来越大。沙尘暴的强风会摧毁建筑物及公用设施。农田、村舍、公路、铁路等会被大量流沙掩埋。沙尘中含有各种有毒化学物质、病菌等，进入口、鼻、眼、耳中，会引发各种疾病。

▲沙尘暴来袭的时候，我们应该注意什么呢？

应马上把门窗关严，必要时还可以用胶带对门窗进行密封。

如果在室外遭遇沙尘暴，要和大人在一起，不要着急赶路，应该特别注意交通安全。

躲避沙尘暴时，不要躲在临时建筑物或大广告牌下。因为这些物体往往不够牢固，有可能会被吹倒而将人砸伤。

不要在刮倒的电线杆或被刮断的电线旁逗留，防止触电。

戴口罩，用纱巾等蒙住头，以免沙尘侵害眼睛和呼吸道。

如果沙尘吹进眼睛，要立即用温水冲洗，直至没有异物感。必要的时候，到医院就医。

强沙尘暴天气不宜出门，尤其是老人、儿童及患有呼吸道疾病的人。

沙尘暴过后的几天也要尽量少出门。因为许多小的颗粒物还会停留在空气中，容易对我们脆弱的皮肤和呼吸道造成伤害。

顺口溜

沙尘暴，刮来了，庄稼减产不得了。多种树，多种草，自然灾害就会少。

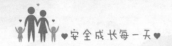

雾霾

雾霾是雾和霾的统称。但是雾是雾，霾是霾，雾和霾的区别十分大。

雾是由大量悬浮在近地面层空气中的微小水滴或冰晶组成的气溶胶系统，多出现于秋冬季节，是近地面层空气中水汽凝结或凝华的产物。雾本身并不是一种污染。

霾是由空气中的灰尘、硫酸、硝酸、有机碳氢化合物等粒子组成的。它的形成是区域性的，是大气近地面层出现了逆温层所引起的。这个逆温层如同一个大盖子一样罩着地表，盖子下面的烟尘扩散不出去，于是就出现了霾。所以霾出现时，不利于大气污染物扩散。

雾霾天气是一种大气污染状态。雾霾中的PM2.5是造成雾霾天气的元凶。PM2.5是指环境空气中空气动力学当量直径小于等于2.5微米的颗粒物。虽然PM2.5只是地球大气成分中含量很少的一部分，但它对空气质量

雾霾天，尽量减少出行。如果出去散步，尽量选择能见度相对比较高的时段。出门最好戴纯棉口罩或者专业防尘口罩。

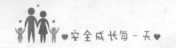
和能见度等有重要的影响。PM2.5在空气中含量浓度越高，空气污染越严重。

雾霾对我们的危害比对成人更大。从生理结构来说，我们没有鼻毛，防御能力弱，雾霾颗粒物更容易侵入；我们的个头比成人小，离地面近，更容易吸入雾霾颗粒物；相同体积的颗粒物进入我们身体，扩散后产生的危害比进入成人身体更大。

▲雾霾来袭，我们应该怎么做呢？

雾霾天，我们应尽量减少出行。如果出去散步，尽量选择能见度相对比较高的时段。

出门最好戴纯棉口罩或者专业防尘口罩。

开窗换气最好避开室外污染浓度较高的时候，如早晚交通高峰期不宜开窗，风力较大引起扬尘时也不宜开窗。在静风条件下，每天开窗两次，每次开窗20分钟左右即可。在持续雾霾天，若要通风换气，可在纱窗附近挂一条湿毛巾，这样可起到一定的过滤作用。

在室内打开加湿器。加湿器能使空气的湿度增加，湿度增加以后，空气中的颗粒物就容易落到地面，而不是悬浮在空中，减少家人和我们吸入颗粒物的机会。如果家中有过敏或者哮喘病人，最好安装空气净化器。

在家里尽量多摆放绿植，帮助家里制造更多氧气，并吸附二氧化碳。芦荟、吊兰等绿植，能吸附空气中的污染物。

养成回家后及时清洗的好习惯，主要是洗脸、漱口和洗鼻。洗脸和漱口可以将附着在皮肤上和口腔中的颗粒物及细菌有效清理干净。洗鼻可以在洗净双手后，捧温水用鼻子轻轻吸水并迅速擤鼻涕，反复几次，鼻腔里的脏东西就清理干净了。

多吃蔬菜、水果、奶制品和豆制品，少吃刺激性食物，必要时可补充维生素D。

家庭生活安全常识

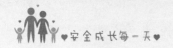

安全用电

　　我们在生活中离不开电。有了电，我们才能在夜晚拥有光明；有了电，我们才能用各种各样的电器，方便我们的生活。可是在享受电带给我们的便利时，我们一定要养成安全用电的好习惯。如果用电不当或者把电线当成玩具，就有可能触电，给我们脆弱的身体造成严重的伤害。

　　触电是由于人体直接接触了电源，一定量的电流通过人体，致使组织损伤和功能障碍甚至死亡。触电时间越长，人体所受的损伤越严重。低压电流可使心跳停止，继而呼吸停止。高压电流由于对中枢神经系统产生强烈的刺激，会先使呼吸停止，随后心跳停止。

　　▲我们应该如何安全用电呢？

　　大家要注意，凡是金属制品都是导电的，千万不要用金属工具直接与电源接触。不用手或导电物，如铁丝、钉子、别针等金属制品去接触、探试电源插座内部。因为水也是导电的，注意不要让电器沾上水，不要用湿手触摸电器，不用湿布擦拭电器。电视机开着时，不可用湿毛巾擦，防止水进入机壳发生短路，造成机毁人伤。不能用湿手插、拔插头，这样很容易触电。

我们要注意不靠近脱落的电线，不拆装配电设施。见到脱落的电线时，要躲远，更不能用手碰。不要随意拆卸、安装电源线路、插座、插头等。

发现有人触电，要设法及时关闭电源。千万不要用手直接救人，应呼喊附近的大人过来帮忙，不要自己处理，以防触电。干燥的木头、橡胶、塑料不导电，是绝缘体，这些工具可以直接接触电源，不会引起触电。这时候可以用这些绝缘体将触电者与带电的电器分开。

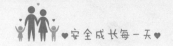

安全使用燃气

　　燃气是气体燃料的总称，它能燃烧而放出热量，供城市居民和工业企业使用。燃气的种类很多，主要有天然气、人工燃气、液化石油气和沼气等。它是一种易燃、易爆、易中毒的气体。空气中含有一定比例的燃气，则形成爆炸性混合气体，遇到明火、电火花等，会发生严重的爆炸，引发火灾，造成人员伤亡。如果燃气泄漏，会引发人体中毒。燃气中一般会掺入少量硫化物，形成一种难闻的臭鸡蛋气味。一旦闻到这种气味，说明发生了燃气泄漏。

　　▲我们应该如何安全使用燃气呢？

　　在燃气灶具周围，不得堆放易燃、易爆物品。

　　在装有燃气管道、灶具或放置煤气罐的地方，不准搭床睡觉。煤炭炉与煤气灶不能在同一灶间使用。

放置液化石油气钢瓶的地方要隔热。严禁用火烤或用开水烫瓶，也不得靠近热源。

使用燃气时，要提醒爸爸妈妈不要离开灶具，防止风吹、汤沸等原因导致燃气火焰熄灭，造成燃气泄漏。

停止使用燃气后，要关闭燃气阀门。出门或入睡之前，要认真检查燃气阀门。

发生燃气泄漏后，严禁明火，燃气灶具不能点火，不得启动电器开关，不得在室内打电话、打手机、打开排风扇等。要立即关闭燃气阀门，并打开门窗通风。可立即到邻居家打电话或在室外用手机求救。在检修或救援人员未到来之前，不能在室内逗留。

不能将燃气热水器安装在浴室中，以防洗澡时燃气泄漏造成中毒。

一旦发现有人煤气中毒，应立即打开窗户透气，并立即拨打120或110求助。

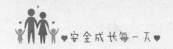

顺口溜

　　燃气用好是个宝，打开火来把菜炒。用完一定要关上，燃气漏掉不得了。燃气有股怪味道，闻到警惕要提高。不要开灯别划火，如果遇火麻烦到。会爆炸来会起火，就像电影敌军到。每天晚上睡觉前，检查总闸来关好。

小心火灾

火灾是指在时间和空间上失去控制的燃烧。在各种灾害中，火灾是最普遍的威胁公共安全和社会发展的灾害之一。人们在用火的同时，不断总结火灾发生的规律，尽量减少火灾的发生。

▲如何防止火灾的发生呢？

不要玩火柴或打火机。这样不仅会烧到自己，而且一旦控制不住火势，还会引燃其他物品甚至整个房间，造成火灾。

不要拿蜡烛在床上、床下、衣柜内或楼阁里等狭小的地方找东西。这样做很容易引起火灾。点燃的蜡烛应远离易燃易爆物品，还要注意蜡烛及烛台的平稳。

夏天使用蚊香时，一定要将蚊香放在金属支架上或金属盘内，并远离桌、椅、床、蚊帐等可燃物品。切忌

把蚊香直接放在木桌、纸箱上。

不要在家中、阳台、楼道里玩火，燃放烟花爆竹。如果看到有人这样做，要制止他。

拧动天然气、煤气罐开关都是大人的事情。我们还小，控制不了火的大小，所以不应乱动。

▲发生火灾的时候，我们应该怎么办呢？

如果身上的衣服被点燃，要立即就地打滚扑灭火苗或者用水淋湿自己。不可以因为惊慌而到处跑。这样会加速火的燃烧，还会引着别的家具。

如果发现家里着火，在火势不大的情况下，可以用家中备用的灭火器、灭火粉等灭火。如果没有灭火工具，也可以用洗脸盆端水灭火。

遇到房屋着火，应立即逃生，此时千万不可乘坐电梯。若烟雾较浓，应该用湿毛巾捂住口鼻，弯下腰，迅速从楼梯跑下楼。如果所在楼层着火，应该用水浸湿衣被裹住身体，从安全出口下楼。若一时无法逃生，则要尽量待在阳台、窗口等处，向外面呼救，等待救援。

若公共场所发生火灾，不能慌乱，更不能随众人挤作一团，如果发生踩踏事故会更危险。在疏散时注意不

火灾起，怕烟熏，鼻口捂住湿毛巾。身上起火地上滚，不乘电梯往下奔。阳台滑下捆绳索，盲目跳楼会伤身。

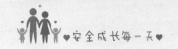

要搞错逃生方向。我们要养成进入公共场所，先观察逃生通道具体位置的习惯。这样可以在意外发生时，获得更多的逃生机会。

在森林中遭遇火灾，一定要注意风向的变化，要向上风方向跑，也就是迎着火苗冲过去，冲出火的包围圈。

遇到交通工具着火，不能盲目跳车，应先观察车门有没有损坏，等车停下，从车门逃出去。如果车门开启不了，要先砸碎车窗玻璃，然后用衣物包住头再钻出车窗，以防受伤。

我们要记住，在火灾中保护好自己是最重要的。在没有确保自身安全的情况下，不要盲目救人。

防止烫伤

根据相关调查统计，在家庭意外烧伤、烫伤的伤者中，50%以上是少年儿童。烫伤带给我们的不仅仅是疼痛，更会对我们的皮肤、容貌造成一生的伤害。所以，我们一定要小心，防止烫伤。

▲为了防止烫伤，我们应该注意什么呢?

看到桌子上放着热水瓶、刚煮沸的热汤，我们不要伸手去够，也不要拉桌布，应该请求爸爸妈妈帮忙倒水、盛汤。

吃任何热的食物，要先确定温度再进食。

不要在湿滑的厨房里跑动、打闹，以免碰翻热液而烫伤。

在大人做油炸食物的时候，不要靠近，以免油迸溅到身上。

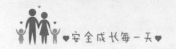

用完燃气后，立即关掉燃气阀门。

不玩火柴、打火机等物品。

看到爸爸妈妈用电熨斗熨衣服时，不要靠近，更不能用手碰触熨斗。

使用电热毯取暖时，入睡前要关掉开关，以防温度过高烫伤自己。

应和大人一起燃放烟花爆竹等危险物品。

▲不小心烫伤了，我们应该怎么做呢？

及时用冷水冲洗烫伤处。

不要用冰块冷敷伤处，以避免冻伤。

不要在伤处涂抹植物油或者其他油脂。这样不仅对伤口无益，而且容易引起感染。

用干净的棉布包裹伤口。

如果伤势严重，应立即到医院就诊。

会伤人的机器

我们每天的生活离不开电视机、电冰箱、洗衣机、电熨斗、吹风机、电风扇等家用电器。使用家用电器，除了应该注意安全用电以外，还要注意以下几点。

各种家用电器用途不同，使用方法也不同，有的比较复杂。一般的家用电器应当在爸爸妈妈的指导下学习使用。不要独自使用危险性较大的电器。

使用中若发现电器有冒烟、冒火花、发出焦煳的异味等情况，应立即关掉电源开关，停止使用。

电吹风机、电饭锅、电熨斗、电暖器等电器在使用中会产生高热。应注意使它们远离纸张、棉布等易燃物品，防止发生火灾。同时，使用时要避免被烫伤。

要避免在潮湿的环境下使用电器，更不能使电器淋湿、受潮。这样不仅会损坏电器，而且会有触电的危险。

当电风扇开动时，绝对不可以将手指伸进防护网。

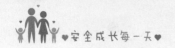

否则，飞速旋转的叶片会将我们的手指削伤。

　　使用电动卷笔刀削铅笔时，千万不要用手摸锋利的刀片，以免割伤手指。

　　洗衣机在洗衣服时，千万不要把手伸进洗衣桶。

　　遇到雷雨天气，要停止使用电视机等电器，并拔下室外天线插头，以防遭受雷击。

　　坐在电动车的后座时，一定要记住两只脚不能离车轮太近。否则，脚会被卷进车轮，受到伤害。

水管漏水

　　家里的水管漏水，应先关上电源。在检查漏水原因前，先看看电源是否关闭。因为水会导电，容易发生危险。然后赶快用抹布等软的物品把漏水的地方缠住，防止水四处喷溅。找到水管的阀门，关闭阀门，使水不再流。打电话找物业或修理工来修理水管。用几条抹布堵住漏水的房间门缝，以免卧室进水把地毯或木质地板弄湿。找来拖布、海绵等把水吸干，拧进水桶，倒进下水道中，等待修理师傅上门修理管道。

危险的阳台

不要蹬踏阳台上的凳子、花盆、纸箱等不牢固的物体。这样做非常危险，容易摔伤自己。

千万不要在阳台上打闹、追逐，或玩气球、放风筝等。

不要伸手去够阳台外面的东西，以免身体失控摔下楼去，造成伤害。

站在阳台上向远处眺望，或与楼下的小伙伴打招呼时，身体不要过多地探出阳台，以免失去平衡，跌下楼去。

不要从阳台上往楼下丢东西。这样不仅会破坏大楼周围的卫生环境，而且可能砸伤楼下的行人。

不要在阳台边缘放置花盆等物体。若遇大风将花盆吹下，会砸伤楼下的行人。

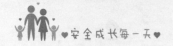

停电

遇到停电，我们首先要及时关闭一切电器或拔下电插头，以保证安全。平时家里应备有应急灯、蜡烛、手电等。我们应该知道这些东西放在哪里。停电时即使家里很暗，也能立即找到。

只有自己家停电，可能是保险盒或线路有故障。如果爸爸妈妈在家，应该打电话请物业或专业的电工修理，自己不要乱动。如果爸爸妈妈不在家，为安全起见，还是应该等他们回来再做决定。记住，千万不能让陌生人进屋，特别是还没有请电工，电工已经来了。这时候我们千万要留个心眼，不能轻易打开家门。

如果是整幢楼或整个住宅区停电，也应该保持镇静，不要慌张，不要乱喊乱叫，更不要随意出门。我们应和爸爸妈妈在一起。

如果晚上独自一人在家的时候遇到停电，不要害怕，要冷静沉着，给自己加油打气。我们可以给爸爸妈妈打电话，等待他们尽快回来。

由于突然停电而忘记关闭电视等家用电器便出门，结果来电时家中无人，瞬间电压过高或立即通电造成电器损坏、火灾等事故并不少见，所以我们千万不能掉以轻心。

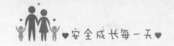

危险的浴室

洗澡时一定要有大人在身边。如果爸爸妈妈不在家，千万不能一个人洗澡，更不能反锁浴室门，以免发生意外。

如果家里有浴缸，在进入前，应先试试水温。另外，调节水温是大人的事，我们千万不要自己动手调节，以免被烫伤。水温一般以接近体温的37℃为宜。

进入浴缸后一定要小心，因为我们还太小，万一滑入水中，手又找不到合适的地方抓，很容易被水淹到或呛到。

浴室的地面湿滑，所以不要在浴室里蹦跳、玩耍，以免摔倒受伤。

在浴室中洗澡的时间不宜过长，否则容易缺氧头晕。更不要把浴室当成游乐场，在里面长时间地玩耍。

安全乘电梯

乘坐滚动扶梯时，一定要看准起步台阶。踏上去后，要站稳并扶好扶手。不要用手摸或倚靠在固定不动的护板上，以免被滚动的扶梯拉倒，也不要使劲压住电梯的扶手不让它移动。

不要在滚动扶梯上来回跑，也不要在扶梯上玩耍、攀爬或打闹。因为一旦跌倒，会从电梯上滚下来，使自己受到伤害。

千万不要在上行的滚动扶梯上往下走，或是在下行的滚动扶梯上往上走。

乘坐垂直电梯时，不要将手放在电梯门旁边，防止电梯门开启时，挤伤手指。

不要随便按垂直电梯的按钮，因为我们不知道那些按钮的作用。一旦按错了，就有可能给自己或别人带来很多麻烦。

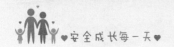

安全养宠物

摸过宠物或与宠物玩耍后，应立即洗手。如果我们身上有伤口，就不要过于亲密地接触宠物，以防伤口感染。

带宠物出门时，不要去人多的公共场所，更不要乘公交车和出租车。遛狗时要用链子拴着，不要让它乱跑或吓到路人。

应经常打扫宠物的窝，定期清理宠物的排泄物，经常给它们洗澡。

在生活中应与宠物保持一定的距离，尤其不要与宠物同床而眠。

一旦被宠物抓伤或咬伤，必须立即告诉爸爸妈妈，去医院注射狂犬疫苗。

带宠物出门时，不要去人多的公共场所，更不要乘公交车和出租车。遛狗时要用链子拴着，不要让它乱跑或吓到路人。

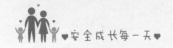

居室内的安全常识

在居室内，有许多小事值得我们注意，否则，同样容易发生危险。

防磕碰。目前大多数家庭的居室空间比较小，又放置了许多家具等生活用品，所以不应在居室内追逐、打闹，做剧烈的运动和游戏，以免磕碰受伤。

防滑，防摔。居室地板比较光滑，要注意防止滑倒受伤。需要登高打扫卫生、取放物品时，要请他人加以保护，防止摔伤。

防坠落。住楼房，特别是住在楼房高层的，不要将身体探出阳台或者窗外，谨防不慎坠楼。

防挤压。居室的房门、窗户，家具的柜门、抽屉等，在开关时容易夹手，也应当特别小心。

防火灾。居室内的易燃品很多，如木制家具、被褥、窗帘、书籍等，因此要注意防火。不要在居室内玩火，更不能在居室内燃放爆竹。

防意外防害。改锥、刀、剪等锋利、尖锐的工具,图钉、大头针等文具,用后应妥善存放起来,不要随意放在床上、椅子上、沙发上,防止受到意外伤害。

出行安全常识

安全过马路

过马路的时候，我们一定要遵守交通规则，学会看交通信号灯：红灯停，绿灯行，黄灯亮了等一等。

绿灯亮，我们要走斑马线，同时应加快步伐，迅速通过，以免遇到绿灯突然变成红灯的情况。红灯亮，我们要在安全的地方停下来。闯红灯、随意穿行在来往的车辆中非常危险，会被车撞到。

过马路要走斑马线。我们不仅要观察信号灯，而且要注意左右看，观察周围是否有车辆通过，因为有些开车的司机会不遵守交通规则。

有时即使遵守交通规则，也会遇到某些意外情况。比如过马路时绿灯突然变成红灯，此时千万不可强行通过，更不能与车辆赛跑，这样极易引发交通事故。最好待在原地不动，并时刻注意身边通过的车辆，以免被剐蹭到，车辆让行或绿灯亮了之后再通过。

红灯停，绿灯行，遇到黄灯不抢行。先左后右看一看，一定要走斑马线。

安全骑车

要经常检修自行车，保持车况良好。车闸、车铃是否灵敏、正常尤其重要。

自行车的车型大小要合适，不要骑儿童玩具车上街，更不要骑大人的自行车玩耍。

要在非机动车道上靠右骑自行车，不要逆行。转弯时不抢行猛拐，要提前减速慢行，看清来往的行人、车辆后再转弯。经过交叉路口时，不要闯红灯。遇到红灯要停车等候，待绿灯亮了再继续前行。

骑车时不要双手撒把，不多人并骑，不互相攀扶、追逐、打闹，不骑车带人。骑车时不戴耳机听音乐。

 顺口溜

骑车避免上马路，不许撒把与攀扶。打闹追逐危险多，人多转弯要减速。

在车站等车

　　不准在车道上等车或招呼出租车，必须在站台或指定地点依次等车。等车停稳后，应让车上的人先下来再上车。另外，在月台上等地铁时，应站在黄色安全线内。

　　在车站等车时，一定要排队，看见汽车即将进站时，千万不要随人流拥挤，最好先与汽车保持一段距离，等汽车停稳后再上车。如果人多拥挤，就等别人上完再上，或者等下一班车，以免被挤伤。

　　看到公共汽车已经开动，千万不要追着车跑，更不要扒车或挡在车前，这样做很容易被开动的公共汽车带倒或撞倒。

在车站等车时，一定要排队，看见汽车即将进站时，千万不要随人流拥挤，最好先与汽车保持一段距离，等汽车停稳后再上车。
5

安全乘公共汽车

在公共汽车上，不要玩耍或大声说话，更不要不停地换位子或在车内跑跳嬉戏，以免撞到其他的乘客或是吵到别人。

不可以将空罐子或垃圾丢出车外，这样不仅会破坏环境整洁，而且很容易砸到路上的行人或其他车辆，给自己和别人带来不必要的麻烦。

坐在座位上时，应双手抓住前面座位的椅背，以免急刹车时撞到头部或从座位上跌下来。没有座位时，千万不要站在车门边，要牢牢抓住车内的扶手，以免紧急刹车时摔倒或车门突然打开被甩出车外。

看到急需座位的老人、残疾人、病人或孕妇等，要让座给他们。

不要将头、手伸出窗外，以防被车外的东西刮伤或划伤。更不要在车上掏耳朵或咬舌头等。

乘火车的注意事项

出远门，可以乘坐火车。和汽车相比，火车更安全、舒适、快捷，但这并不代表乘坐火车就绝对没有危险。

火车的行驶速度很快，乘坐火车时不要将身体的任何部分伸出车窗，以免被外面的物品划伤。更不能爬向窗口，以防掉到车外。

在火车行驶时，不要在车厢内跑来跑去。这样一是容易摔倒，二是车内可能有坏人，不要吃陌生人给的东西、喝陌生人给的饮料，不和陌生人接触，以防被拐骗卖掉或受到身体上的伤害。

万一遇到火车事故，不要慌乱地到处跑，要紧跟父母，不要和父母分开。

夏天，火车上会开空调，长时间乘坐火车要注意保温，别因吹空调而受凉。冬天，火车上也会比较暖和，要在上车后脱掉外套，下车时再穿上保暖外套。

如果火车将要停靠站，不要去洗手间，因为火车停靠时洗手间的门将会被锁上。

千万不能从车窗内向外丢东西，这样不但污染环境，而且东西扔到铁轨上一旦被弹回，也许还会伤到自己或他人。

乘飞机的注意事项

在众多交通工具中，飞机发生故障、事故的概率是最低的，所以飞机也是安全性最高的交通工具。但不可否认的是，飞机一旦发生事故，死亡率也是最高的。但我们不能因为乘坐飞机有风险就不乘坐了，关键是我们要了解一些乘坐飞机的注意事项。

在乘坐飞机前，不吃太多难以消化的食物或零食，以免晕机、呕吐。帮助爸爸妈妈检查行李，不能携带危险物品，如鞭炮、打火机、酒等易燃易爆物品。

在乘坐飞机时要系好安全带。因为飞机在遭遇气流时会上下颠簸，不系安全带是非常危险的。

在飞机起飞前，和大人一起仔细听取乘务员讲解飞机安全须知，注意看飞行安全示范，并熟悉紧急出口的位置和各种安全设施的性能及使用方法。

想喝热饮时，要请受过专业训练的乘务员帮忙。如果自己拿高温液体，很容易被烫伤或发生意外。

在正常情况下，未经机组人员许可，不能乱动机舱内的救生应急设施。

飞机很安全，但万一发生意外情况或有事故征兆时，我们要保持镇定，迅速将随身携带的锋利、坚硬物品，如钥匙、指甲钳、眼镜等物品放在前排座椅背面的口袋里，以免造成不必要的伤害。然后，要服从机组人员的指挥，不能自己乱跑。

如果机舱内有烟雾，要马上蹲下身子或者从地板上匍匐前进到机舱安全门处。

乘船的注意事项

我国水域辽阔，我们外出旅行，会有很多机会乘船。船在水中航行，本身就存在遇到风浪等危险，所以乘船旅行的安全十分重要。

为了保证航运安全，凡符合安全要求的船只，都发有管理部门的安全合格证书。外出旅行，不要乘坐无证船只。

不乘坐超载的船只，这样的船没有安全保证。

上下船要排队按次序进行，不拥挤、争抢，否则会造成挤伤、落水等事故。

遇恶劣天气，如大风、大浪、浓雾等，应尽量避免乘船。

不在船头、甲板等处跟小伙伴打闹、追逐，以防落水。不拥挤在船的一侧，以防船体倾斜，发生事故。

船上的许多设备都与安全保障有关，不要因为好奇

而乱动、触摸，以免影响正常航行。

一旦发生意外，要保持镇静，待在大人身边，听从相关人员指挥。

人身安全常识

不吸食毒品

毒品是指鸦片、海洛因、甲基苯丙胺（冰毒）、吗啡、大麻、可卡因以及国家规定管制的其他能够使人形成瘾癖的麻醉药品和精神药品。青少年由于自控力弱，模仿力强，文化程度低，容易把不良现象和行为当成时髦或认为是"酷"的表现，这是造成青少年染上毒瘾的最主要原因。

人的生命只有一次，我们要珍惜生命，要正确地认识毒品，远离毒品。从自己做起，从现在做起，树立正确的人生观，不盲目追求享受、寻求刺激、赶时髦。时刻谨记，一旦惹上毒品，必将毁灭自己、祸及家庭、危害社会。我们要认识到毒品的危害，时刻提醒自己，控制好自己，不要一失足成千古恨。

▲吸食毒品有哪些危害呢？

1. 对家庭的危害

家庭中一旦出现了吸毒者，家便不能称之为家了。这个家庭就会失去宁静、和谐、幸福和快乐。吸毒者在自我毁灭的同时，也破害自己的家庭，使家庭陷入经济破产、亲属离散甚至家破人亡的境地。

2. 对社会的危害

破坏社会生产力：首先吸毒导致身体患病，影响生产。其次造成社会财富的巨大损失和浪费，同时制毒活动还导致环境恶化，缩小人类的生存空间。

扰乱社会治安：毒品加剧诱发各种违法犯罪活动，扰乱了社会治安，给社会安定带来巨大威胁。

3. 对自身的危害

生理依赖：吸毒对身体产生毒性作用，会使某些器官不能正常运行，主要特征有嗜睡、感觉迟钝、运动失调、幻觉、妄想、定向障碍等。

戒断反应：长期吸毒会造成严重和具有潜在致命危险的身心损害。突然终止用药或减少用药剂量后，人体的生理功能就会发生紊乱，出现一系列严重反应，使人感到非常痛苦。许多吸毒者在没有经济来源购毒、吸毒

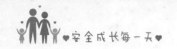

的情况下，或死于严重的身体戒断反应所引起的各种并发症，或由于痛苦难忍而自杀身亡。

精神障碍：毒品进入人体后作用于人的神经系统，使吸毒者出现一种渴求用药的强烈欲望，驱使吸毒者不顾一切地寻求和使用毒品。一旦出现精神依赖，即使经过脱毒治疗，在急性期戒断反应基本控制后，要完全恢复原有生理机能，往往需要数月甚至数年的时间。更严重的是，对毒品的依赖难以消除。这是许多吸毒者复吸的原因。吸毒所导致的最突出的精神障碍是幻觉和思维障碍，有些人甚至为吸毒而丧失人性。

感染性疾病：静脉注射毒品给滥用者带来感染性并发症，最常见的有化脓性感染和乙型肝炎，还有令人担忧的艾滋病。此外，还损害神经系统、免疫系统，使滥用者易感染各种疾病。

▲认识到毒品的危害后，我们应该怎么做呢？

接受毒品基本知识和禁毒法律法规教育，了解毒品的危害，懂得"吸毒一口，掉入虎口"的道理。

树立正确的人生观，不盲目追求享受、寻求刺激、赶时髦。

不相信毒品能治病，毒品能解脱烦恼和痛苦，毒品能给人带来快乐等各种花言巧语。

不结交有吸毒、贩毒行为的人。如发现亲朋好友中有吸毒、贩毒行为的人，要远离他，并报告公安机关。

不进歌舞厅、夜店，决不吸食摇头丸、K粉等毒品。

即使在不知情的情况下，被引诱、欺骗吸毒一次，也要珍惜自己的生命，不再吸第二次，并且远离引诱、欺骗我们的人。

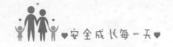

不赌博

赌博对我们少年儿童危害巨大。大量事例证明，参与赌博的青少年学习成绩都会有不同程度的下降，而且陷入赌博活动的程度越深，学习成绩下降得就越严重。另外，由于赌博活动的结果与金钱、财物的得失密切相关，所以迫使参与者要全力以赴，精神高度紧张，精力消耗大。经常参与赌博活动会引起严重的失眠、精神衰弱、记忆力下降等症状。同时，还会严重损害心理健康，造成心理素质差、道德品质败坏，社会责任感、耻辱感、自尊心也会受到严重削弱，甚至会为了赌博而违法犯罪。

▲认识到赌博的危害后，我们应该怎样做呢？

自觉遵守校纪校规，养成遵纪守法的良好习惯，不参与任何赌博活动。

充分认识赌博的危害，培养高尚的情操，多参加健康的文体活动，充实自己的业余活动。

要防微杜渐，分清娱乐和赌博的界限。

思想上要时刻保持警惕，不要因为顾及朋友、同学的情面而参与赌博。遇到他人相邀，要设法推脱。

要关心同学，制止他人参与赌博，必要时向老师或家长反映。

要谨记赌博是违法犯罪行为，参与赌博就是犯罪的开始。

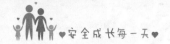

不吸烟

吸烟严重危害人类的健康，对人体健康有百害而无一利。大量科学实验和临床记录表明，烟草中含有多种有害物质。长期吸烟可刺激和损害喉部和气管黏膜，引起咳嗽、多痰，最终导致慢性气管炎、肺气肿、肺心病等。由于烟草中含有亚硝胺、砷等致癌物质，吸烟者的肺癌发病率远远大于不吸烟者。此外，吸烟是血栓性脉管炎的主要病因，也使患心脏病的危险大大增加。吸烟还会加快人体衰老，缩短人的寿命，而且开始吸烟的年龄越小，将来死于肺癌的可能性就越大。

青少年吸烟是一种极其有害的不良行为。青少年吸烟人数上升，对我们民族和社会是一个潜在的危害。吸烟的对青少年的健康也造成极大的损害，许多成年人患病都与青少年时期吸烟有关。

▲吸烟对青少年的危害表现在哪些方面呢？

吸烟导致青少年自身免疫力下降，使青少年易患各种疾病。

吸烟影响青少年智力的正常发展，造成学习成绩下降。

吸烟容易使青少年形成不良品性，诱发违法犯罪。

▲我们该如何拒绝吸烟呢？

对给香烟的人微笑着说："不，谢谢你。"

在别人给烟时，立即找借口走开。

礼貌地反复谢绝，坚决不伸手接别人递过来的烟。

避开吸烟的场所，为自己创造一个不吸烟的环境。

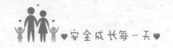

不饮酒

随着物质生活水平的提高，在青少年中喝酒的人也多了起来。聚会庆典中，人们常饮酒助兴。适当地喝一点儿啤酒或者葡萄酒，对身体有缓解疲劳、增进食欲、帮助消化的作用。但是青少年尚年幼，自制力不足，喝起酒来不加节制，往往烂醉如泥，甚至染上酒瘾，沉沦其中，对身体和心理危害极大。

▲饮酒对我们有哪些危害呢？

青少年饮酒可以导致死亡和其他事故。由于男女身体结构和生理特征不同，女孩过度饮酒的危害更大。

青少年发育尚未完全，各器官功能尚不完备，对酒精的耐受力低，肝脏处理酒精的能力差，因而更容易引发酒精中毒及脏器功能损害，可能埋下肝硬化、胃癌、心血管疾病等隐患。

酒精对人体中枢神经系统的危害最为严重。如果饮酒过多，就会脸红、乱说胡话、站立不稳、呕吐等。我们少年儿童应该不饮酒。

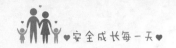

酒精对人体中枢神经系统的危害最为严重。如果饮酒过多，就会脸红、乱说胡话、站立不稳、呕吐等。有的人甚至会血压下降，最后陷入昏迷。严重的还可能引起呼吸困难、窒息，造成酒精中毒死亡。

青少年饮酒还容易引起肌肉无力，性发育早熟。女孩还容易未老先衰。

长期饮酒会使人的身体系统对酒精习以为常，对酒精产生依赖。青少年很容易在饮酒的同时吸食毒品，这更是相当危险的事情。

青少年自制力差，酒后易行为失控，诱发各种事故，有时候甚至危及生命，如与人争斗、擅自驾车等。

不泡网吧

网络已进入千家万户，我们通过玩游戏可以松弛神经，获得乐趣；通过上网可以查询资料，开阔视野。但进网吧对于我们少年儿童来说，弊端非常多。

▲泡网吧有哪些弊端呢？

少年儿童毕竟是未成年人，自控能力较差，时间观念淡薄，在网吧一坐就是半天，严重影响身心的健康发展。

少年儿童进网吧多数是为了玩游戏，有些同学因此上瘾，无法摆脱这种精神鸦片，上课、做作业不能集中注意力，导致厌学、逃学，学习成绩下降。

网吧内不仅空气浑浊，环境恶劣，存在许多安全隐患，而且人员复杂，许多是社会上的闲散人员。与之交往，耳濡目染，势必导致自己也不思上进，行为散漫，成为不良少年。

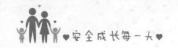

有些同学频繁进入网吧，花光了自己的零花钱，而作为消费者的我们又没有其他经济来源，很容易被坏人教唆，采取骗、偷、敲诈等违法手段，一步步走上犯罪的道路。

▲我们应该怎么做才能不养成泡网吧的恶习呢?

充分认识网吧对我们未成年人健康成长的危害，树立文明上网的意识。

从我做起，从现在做起，自觉远离网吧，拒绝网络不良信息的诱惑。

积极劝说身边的同学、朋友远离网吧。

合理安排节假日，认真完成假期作业。

积极参加社会实践活动和社会公益活动，过一个充实而有意义的少年儿童时期。

社会交往安全常识

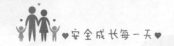

独自在家

我们独自在家时，应及时把门反锁好。如果听到有人敲门，要通过猫眼辨认来人。对不认识的人，不管他有什么理由，也不管他是什么身份，都不要给他开门。可以装作父母在家，喊"爸爸妈妈"，把坏人吓跑。

有的坏人冒充邮递员、推销员、检修工人等，骗开了门，入室抢劫或做其他坏事。我们要留心观察，记住陌生人的身高、长相、衣着等，以便必要时报警。也可以给父母、邻居、居委会或派出所打电话。

如果来人声称是爸爸妈妈的同事，并能叫出我们的名字及父母的名字，我们也要提高警惕，不能开门，可以问他有什么事，记下来打电话告诉父母。

遇到坏人以各种理由闯入家中，我们应首先保证人身安全，不要与坏人斗勇。可以将自己的屋门反锁，再迅速用电话报案。要注意说清楚自己的详细地址。

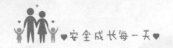

交朋友要谨慎

不要和一些陌生的成年人交朋友，以免受到欺骗。我们还小，很多事情很难做出准确的判断。

千万不要把刚结识的人带到自己家里玩耍。因为我们还不了解他，反而让他有机会了解我们的家庭。如果他是坏人，就会对家庭的安全构成威胁。

一旦交上了不良"朋友"，应及时停止与他的"友谊"。如果不良"朋友"纠缠不休，应该马上告诉老师或家长，请他们协助解决。

千万不要听从"朋友"的唆使去做坏事，应尽快远离那些唆使我们做坏事的"朋友"。

家中进了小偷

如果外出后回家，发现家里的门锁已经被人弄坏了，或是家里的门开着。这时候我们应该想到家里有可能进了小偷。

这时候我们千万不要进去，更不要大喊大叫。小偷可能还在房间里，进去是很危险的。

我们要赶快打110报警，或者去邻居家向大人求助。

打电话给爸爸妈妈，告诉他们发生的事情，并请爸爸妈妈赶快回家。

若发现楼下或门口有可疑和陌生的车辆，把它的车牌号码、颜色和车辆特征记下来，告诉警察或大人。

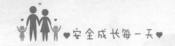

防范搭讪的陌生人

我们一个人走在上学或放学的路上,如果有陌生人人或虽然认识但平时并不亲近的人与我们搭讪,以某种理由要我们跟他走,一定要做到以下五点:

坚决不跟他走。

记住他的脸部和衣着特征以及车牌号码。

赶快从人多的地方走回学校去找老师。

在学校里打电话给父母,询问他们是否安排此人来接我们。

如果父母确认没有此事,应马上报警。

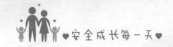

和大人走散了

一旦与大人走散了，我们应该站在原地等爸爸妈妈，不能乱走乱窜。

不要害怕、惊慌，更不要哭闹。一旦哭闹，就会让坏人知道我们和大人走散了，这样会更加危险。

要在第一时间找到附近的警察、保安或工作人员，请求他们帮助。学会清楚地描述自己的处境、状况，并提供爸爸妈妈的联系方式，或让工作人员帮忙广播寻找父母。

坚决不理睬陌生人。陌生人给的东西不能要、给的食物不能吃，千万不要跟陌生人走。

要记住爸爸妈妈的手机号码、工作单位和姓名。这样有助于在求助时及时有效地找到他们。

外出迷路

我们独自外出到陌生的地方，可能会忘记或辨认不清来时的方向和路线而无法返回。和家人、同学一起出行，也可能发生走失而迷路的情况。

平时应当准确地记住自己家庭所在的地区、街道、门牌号码，父母的工作单位名称、地址、电话号码等，以便能够及时取得联系。

在城市迷了路，可以根据路标、路牌和公共汽车的站牌辨认方向和路线，还可以向交通民警或治安巡逻民警求助。

在农村迷了路，应当尽量向公路、村庄靠近，向当地村民求助。如果是在夜间，则可以循着灯光、狗叫声、公路上汽车的发动机声寻找有人的地方求助。

如果迷失了方向，要沉着冷静，开动脑筋想办法，不要瞎闯乱跑，以免过度消耗体力或发生意外。

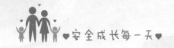

路遇坏人

路遇坏人，要保持冷静，不要害怕，尽量说好听的话，说明自己没带钱，避免跟他们争吵。

如果坏人坚持要钱，就跟他们说回家取钱，趁机跑掉，并向认识的人求助。

如果无法逃脱，就拉住路过和附近的大人大声求救。

如果自己一个人被挟持，不要反抗，不要硬碰硬，可以给钱，但要记住对方的相貌特征，事后向公安机关报案。千万不要拉住欲跑的持刀歹徒不放，这样容易使歹徒狗急跳墙，持刀伤人。

▲我们应该如何防范被歹徒抢劫勒索呢？

和同学结伴上学、回家，尽量不单独外出。

上学和放学尽量走大道，不走偏僻小路。

言谈举止一定要符合身份，不过分张扬，避免引起问题少年的注意。

穿着打扮要朴素，平时不穿名牌，不高消费，不在外人面前炫耀自家财富，以免被不良少年盯上。

不让陌生人碰自己的身体

　　我们的身体很珍贵，别人不可以随便碰。没有爸爸妈妈的允许，不能跟陌生人走。要学会勇敢地说出自己的感受，对想要诱骗和侵犯自己的坏人大声说不！

　　背心、内裤覆盖的身体部分，不允许任何人看或摸。如果有人摸我们，或要求我们脱衣服给他看，立刻告诉家长或其他值得信任的人。上厕所、洗澡时，不让成年异性看，不管是老师、熟人还是同学家长。

　　尽量不跟不是很熟悉的成年男人同处一室。不单独和同学家长、异性老师等相处，多人结伴去同学或老师家。

 顺口溜

　　小熊小熊好宝宝，背心裤衩都穿好，里面不许别人摸，男孩女孩都知道。

校内安全须知

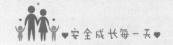

安全上下楼梯

上下楼梯时，要顺着上行和下行的方向，不然会撞到别人，发生危险。

千万不要打闹或推挤排在自己前面的小朋友，这样很容易使前面的小朋友跌倒受伤。

不能把楼梯的栏杆当成滑梯，滑着冲下去，这样做非常危险。

应该一个台阶一个台阶地走，而不是一步迈两个台阶或更多，因为这样很容易把脚扭伤。

不要乱跑乱跳，应该用手扶着护栏慢慢走，并且要遵守秩序，相互礼让，靠右行走。

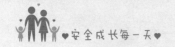

安全使用文具

不要玩铅笔和钢笔，这样很容易摔断笔尖，而且容易扎伤自己。更不要用嘴含、咬铅笔，因为铅笔表面的彩色漆里含有铅，误食后容易造成铅中毒。如果小伙伴不小心碰撞，铅笔还会扎伤我们的口腔。

不要拿尺子玩耍，因为塑料尺子很容易折断，会伤到别人或划伤自己的手。

圆规、小刀等文具尖锐、锋利，应妥善放置。不要拿着这些尖锐、锋利的东西奔跑。如果不小心跌倒，它们就可能伤害到我们。

有的橡皮有香香的味道，但其中的化学物质对人体有害，所以不能用嘴咬它。

使用剪刀要小心

千万不要使用锋利尖头的剪刀，应该用钝口圆头的儿童专用剪刀，以免剪伤或戳伤自己。

使用剪刀时，一定要集中注意力，眼睛看着剪刀，不能一边说笑，一边剪东西，小心剪伤手。

手里拿着剪刀时千万不要乱挥手，以免戳伤其他人。也不要拿着剪刀四处奔跑，如果不慎跌倒，它很可能会伤害到我们。

剪刀在不使用时，一定要放在安全的地方。如果放在插袋里，剪刀头应朝下；如果放在抽屉里，剪刀头应朝里。

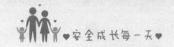

课间活动

　　课间活动的方式要简便易行，如做操等。

　　活动时要注意安全，避免发生扭伤、碰伤等危险。

　　室外空气新鲜，间活动应尽量在室外，但不要远离教室，以免耽误下面的课程。

　　活动的强度要适当，不要做剧烈的运动，以保证继续上课时不疲劳、精力集中、精神饱满。

在教室里的注意事项

不和别人追逐打闹；不和别人开危险玩笑；在教室里要安静，不大声喧哗；打扫卫生时不和别人抢拖把、扫把；不用圆规扎别人；把墨水放在安全的位置；不玩桌椅板凳；不带锋利的东西到学校。

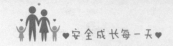

上体育课的注意事项

上体育课时，上衣、裤子口袋里不要装钥匙、小刀等坚硬、锋利的物品；不要佩带各种金属饰品，女生头上不要戴发夹；尽量不要戴眼镜；不要穿塑料底的鞋或皮鞋，最好穿运动装、运动鞋。

在上体育课前要先做些准备活动，以防拉伤筋骨。

自由活动时，不要互相追逐打闹，小心摔倒。

打球的时候，注意别把球丢到同学的头部。

跑步的时候，不能倒着跑，不能边跑边嬉闹。

不要在没有老师在场的情况下使用举重、哑铃、铁饼等运动器械。

跳绳时，要注意彼此的距离，不要把绳打到其他同学身上。

跳远与跳高时，要做好安全措施，包括跳远前先清理沙池，跳高前注意垫子是否足够、距离是否正确等。

校外安全须知

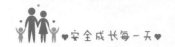

建筑工地不安全

不要在建筑工地上玩耍或逗留，因为施工中的建筑物随时都有可能掉下东西，一不小心就会砸伤我们。

建筑工地的地面上有许多带有铁钉的木板或其他可能扎伤脚的东西。

如果必须从建筑工地通过，要戴安全帽，同时千万要注意工地上来往运货的车辆，避免发生意外。

千万不要用肉眼去看建筑工地上闪烁的电焊火花，因为它含有对人体有害的电焊弧光，会灼伤我们的眼睛。

千万不要围在吊车旁看热闹，以防吊车上的物品散落砸伤我们。

在游乐场玩耍

　　每逢周末节假日，我们最开心的就是跟爸爸妈妈一起去游乐场，荡秋千、穿隧道、滑溜梯……各种好玩的游戏我们可以尽情玩耍。但是，游乐场里也有很多危险，一不留神，我们就会受伤。

　　在游乐场，我们要和爸爸妈妈一起认真阅读游戏说明，严格按照各种游乐项目的年龄、身高等要求进行选择。不能玩那些不适合我们身高、体质的游乐项目。

　　穿简单的衣物。穿得太复杂，会增加危险指数。不要穿带帽子的衣服或者长裙、大摆裙，以免被踩住或在上下游乐设施时衣服被挂住而摔倒。

　　让爸爸妈妈在自己身上放一张家长联系卡。联系卡上写清自己及家长的姓名、家庭住址、联系电话。万一和爸爸妈妈走散了，可以找警察或者游乐场的工作人员帮忙尽快找到家长。

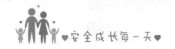

安全成长每一天

▲在游乐场玩耍的时候，我们要注意什么呢？

荡秋千：防止自己被甩出去或被秋千撞到。双手要始终抓牢秋千的绳索。不玩的时候，要等秋千完全停住了再下来。经过秋千旁边时，一定要绕着走，不然会被荡起来的秋千撞到。

跷跷板：注意同时上下。如果不想玩了，先告诉大人或对方，否则一方下来了，另一方没有准备，就会被狠狠地墩一下，或者被跷起来的板子打到。

滑滑梯：不从滑梯出口往上爬，滑下去后迅速离开滑梯出口。如果前面有小朋友，要等小朋友滑下去后再滑。滑完后马上起身离开，也不要从滑梯出口往上爬。

滑滑道：不能中途停止。在滑的时候，不要害怕或心急，也不要滑到一半停下来。不要原路返回，否则会被滑下来的小朋友撞得人仰马翻。

蹦蹦床：防止因摔倒而被别的小朋友踩伤。如果落地不稳，我们会摔在蹦床上，如果人多的话，可能会被小朋友踩到，严重的还会造成扭伤、骨折。所以，如果人太多，先别玩。如果玩的时候有特别高大或者玩起来特别调皮的小朋友，我们最好先休息一会儿，等等再玩。

碰碰车：防止因碰撞而磕着头。玩碰碰车的时候，

要系紧安全带，不要做太剧烈的碰撞，尤其是正面碰撞。

儿童过山车：不要在中途站起来或解开安全带。儿童过山车虽说不比成人过山车，但要知道，对我们而言，它已经够惊险、够刺激了。所以，我们在乘坐时，千万不能中途站起来，也不能解开安全带。

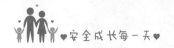

远离下水井

马路上随处可见一个个下水井。有的井盖盖得并不严实，有的甚至没有井盖，存在很大的危险。

不要在井盖上踩着玩，有些下水井盖没有盖严实或者不结实，一旦踩到这些下水井盖，就有掉下去的危险。一定要在走路时注意自己的脚下，绕开下水井。

外出或在公共场所

当我们外出或在公共场所时，遇到的情况会比较复杂，尤其需要提高警惕。

我们应当牢记自己的家庭住址、电话号码，以及家长的姓名、工作单位、电话号码等，以便在紧急时刻取得联系。

外出要征得家长同意，并将自己的行程和大致返回时间明确地告诉家长。外出游玩、购物等最好结伴而行，不要独来独往、单独行动。

不接受陌生人的钱财、礼物、玩具、食品。与陌生人交谈要提高警惕。

不把家中的房门钥匙挂在胸前或放在书包里，应放在衣袋里，以防丢失或被坏人抢走。

不独自往返于偏僻的街巷和黑暗的地下通道。不独自一人去偏远的地方。不搭乘陌生人的便车。

外出的衣着要朴素。不要告诉陌生人自己的家庭情况。携带的钱物要妥善保管好。不委托陌生人代为照看自己的行李物品。

不接受陌生人同行或做客的邀请。

外出要按时回家，如有特殊情况不能按时返回，应设法告知家长。

攀爬危险

千万不要攀爬高墙或栅栏等。因为我们还小，攀爬到高处，身体的平衡不容易把握，很容易摔下来。许多栅栏的顶端是尖锐的铁刺，围墙上砌有碎玻璃，攀爬时，稍有不慎，就会被刺伤、划伤。

不要攀爬到没有安全设施的高处，如小山坡、悬崖等。一旦失手或失足坠落，轻者会把胳膊或腿磕破，重者则会骨折、瘫痪，甚至危及生命。

看到其他小伙伴攀爬，一定要及时劝阻。如果他不听劝告，应尽快告诉大人，加以制止。

不在路边玩耍

有时候我们会和小伙伴在路边玩耍，这样其实很危险，因为我们个子不高，目标小，玩起来又不能顾及周围的车辆，缺乏应变能力，很容易发生交通事故。

我们要记住，不可以在马路边玩耍，更不可以在马路中间玩耍，即使有皮球或其他玩具滚到马路中间，也不可以自己捡回，应该让大人帮忙捡回。

如果家附近有铁道路口，我们不可以独自穿行，更不能从护栏下钻过去，一定要在父母或老师的带领下过铁道路口，也不要在铁路旁玩耍。

不可以在马路边玩耍，更不可以在马路中间玩耍，即使有皮球或其他玩具滚到马路中间，也不可以自己捡回，应该让大人帮忙捡回。

不爬树

不要随意攀爬树木，因为有的树枝很细，根本承受不住我们身体的重量，如果树枝突然折断，我们就会从树上摔下来受伤。

攀爬树木时，树枝的尖梢很容易挂破衣服、划伤皮肤。另外，树上还会有许多昆虫，如毛毛虫、螳螂等，有的甚至有毒，一不小心就会被蜇伤。

不要够取挂在树上的东西，更不要爬到树上掏鸟窝，因为有的鸟窝里有蛇，一不小心就可能被蛇咬伤。

树木可以调节气候、净化空气、防风降噪，是人类的好朋友，我们应该保护它、爱惜它。

远离精神病人

有时候，在街上会看到"与众不同"的人，他们头发蓬乱，一个人自言自语或大声唱歌……有些小朋友会很好奇，喜欢跟在他们身后看热闹，还有的小朋友会嘲笑他们，并用石子等打他们。

精神病人一旦被激怒，有时候甚至没有任何原因，他们会拿起手中或周围的物品袭击围观者，我们也许会因此受到伤害。所以，切记要远离精神病人。

不围观打斗场面

　　小朋友往往爱凑热闹。街上如有打斗场面，有些小朋友喜欢凑上去看一看，其实这是很不安全的。我们年龄小、判断力差，打斗时一旦躲闪不及，非常容易受到伤害。

　　我们一定要记住，无论是在商店、车上，还是在其他公共场所，都应该远离打斗场面。

电焊光不能看

工人叔叔在做焊接工作时，电焊枪会发出强烈的电焊弧光。许多小朋友常常好奇地观看，这是极其危险的。因为电焊弧光会造成眼睛疼痛、视力减退，可引起电火性眼炎，严重的甚至会造成失明。

我们遇到有人正在电焊作业时，一定要遮挡住眼睛，马上离开。

不随意燃放烟花爆竹

燃放烟花爆竹会污染环境，我们应减少燃放。

在禁止燃放烟花爆竹的城市，我们应同爸爸妈妈到指定地点燃放。

在未禁止燃放烟花爆竹的地方，我们应选择宽敞、安全的场地燃放，并在上风口处燃放和观赏。

燃放前要仔细阅读燃放说明，把烟花爆竹摆放平稳、牢固。除非有特殊说明，否则不要手持燃放烟花爆竹。

燃放过程中出现熄火等异常情况，不要马上靠近，应等待足够长的时间并确认原因后再做处理。没点燃的烟花爆竹，要等5分钟确认安全后再去重新点燃，不能用已点燃的烟花爆竹点燃其他烟花爆竹。

不燃放非法生产或违禁品种的烟花爆竹，也不要大量购买。烟花爆竹不要带上公共汽车、火车等公共交通运输工具。存放也要十分小心，不能放在厨房，更不能

靠近火源，也不要暴晒。

燃放烟花爆竹时，不要将烟花的喷射口对着他人窗口，也不要在楼道、窗口、阳台上燃放，防止火星引起火灾。

千万不要在下水道井口和化粪池附近燃放烟花爆竹，以免引起爆炸。

不在汽车尾部玩耍

　　无论是在小区、停车场，还是在商场门口，都不可以在汽车尾部停留或者玩耍，更不能躲猫猫藏在车后。因为我们的身体太小，司机如果没有看到，倒车就会把我们撞到，非常危险。所以，不可以在汽车尾部停留或玩耍。

不摸断电线

有的时候我们会看见小区或者路上的电线杆旁边垂下来一根绳子，这个时候千万不要用手去碰它。因为它也许并不是绳子，可能是由于刮大风或者使用年头太久等原因断落的电线。电线断了并不意味着里面没有电。人体是导电的，如果我们伸手摸的话，会有被电击伤的危险。所以，看见断了的电线要远远地绕开，或者告知大人请人来维修。

食品卫生安全常识

饮食卫生

日常生活中要注意饮食卫生，否则就会传染疾病，危害健康。病从口入讲的就是这个道理。

养成吃东西之前先洗手的习惯。人的双手每天接触各种各样的东西，会沾染病菌、病毒和寄生虫虫卵。吃东西以前认真用肥皂洗净双手，才能减少病从口入的可能。

瓜果蔬菜生吃要洗净。瓜果蔬菜在生长过程中不仅会沾染病菌、病毒、寄生虫虫卵，而且有残留的农药、杀虫剂等。如果不清洗干净，不仅会染上疾病，而且会农药中毒。

不随便吃野菜、野果。野菜、野果的种类很多，有的含有对人体有害的毒素，缺乏经验的人很难辨别清楚。只有不随便吃野菜、野果，才能避免中毒，确保安全。

不吃腐烂变质的食物。食物腐烂变质，味道就会变酸、变苦，散发出异味。这是因为细菌大量繁殖引起的。

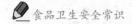

吃了腐烂变质的食物会造成食物中毒。

不随意购买、食用街头小摊贩出售的劣质食品和饮料。这些劣质食品和饮料往往卫生检验不合格，食用、饮用会危害人体健康。

不喝生水。水是否干净，仅凭肉眼很难分辨，清澈透明的水也可能含有病菌、病毒。喝烧开的水最安全。

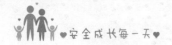

不吃小摊上的食品

在学校附近，通常有不少小摊贩出售食品。他们一般没有经营许可证和食品卫生合格证。食用他们出售的食品，会引起身体不适、中毒或感染传染性疾病。

在外面就餐，要注意"六个一"：菜色浅一点、香味淡一点、口味清一点、素材多一点、品种杂一点、总量少一点。

若是发现食品色泽不自然，异常鲜、艳、白，我们就要多个心眼，少吃或者不吃。

不含异物

气管异物一般是从口腔误食进入的，所以不要将纽扣、玻璃珠、图钉等物品含在嘴里。这样既不卫生，又容易发生危险。

吃东西时不要同时做别的事情，更不要互相追逐、打闹，以免将口中的食物误吸入气管。

一旦有异物进入气管，应立即去医院诊治。

不乱吃药

人们生病时，经过医生诊断对症下药，病很快就会好。但小朋友千万不要自己乱吃药，哪怕是以前吃过这种药。

药物中毒的后果非常可怕，轻者会头痛、头晕、腹泻，重者会呼吸困难，甚至死亡。小朋友吃药一定要听从医生、父母或老师的指导，千万不能擅自吃药。

室外活动安全常识

郊游野营

郊游、野营的地点大都远离城市，比较偏僻，基础设施差，所以我们要做好准备工作。

要准备充足的食品和饮用水。

准备好手电筒和足量的电池，以便夜间照明使用。

准备一些常用的治疗感冒、外伤、中暑的药品。

要穿运动鞋或旅游鞋，不要穿皮鞋。穿皮鞋长途行走容易把脚磨出水泡。

野外的早晨和夜晚天气较凉，要及时添加衣物，防止感冒。

活动中不随便单独行动，应结伴而行，防止发生意外。

晚上注意休息，以保证有充足的精力参加活动。

不要随便采摘、食用蘑菇、野菜和野果，以免发生食物中毒。

郊游、野营活动必须由成年人组织和带领。

滑冰

　　滑冰融健身与娱乐为一体，是一项深受同学们喜爱的活动。怎样才能保证滑冰的安全呢？

　　我们应尽量选择室内冰场。因为有安全人员在旁边，一旦发生意外，可以在最短的时间里得到帮助。

　　在户外滑冰，要选择安全的场地。在自然结冰的湖泊、水塘滑冰，应选择冰冻得结实，没有冰窟窿和裂纹、裂缝的冰面。要尽量在距离岸边较近的地方滑冰。

　　初冬和初春时节，户外的冰面尚未冻实或已经开始融化，此时千万不要去滑冰，以免冰面破裂而发生意外。

登山

登山对人们的身心健康大有好处，但也潜伏着一些危险。登山时应由老师或家长带领，要集体行动。

应谨慎选择登山的地点。要选择已开发的景区，并在出发前了解当地的天气情况。

备好运动鞋、绳索、食物和水。在夏季，一定要带足水。因为登山会出汗，如果不补充足够的水分，容易虚脱、中暑。

最好随身携带急救药品，如云南白药、止血绷带等，以便摔伤、碰伤、扭伤时，进行紧急救治。

登山的时间最好是早晨或上午，午后应该下山返回驻地。不要擅自改变登山路线和时间。

使用双肩包，解放双手，便于徒步和攀爬。还可以用结实的长棍做手杖，帮助攀登。

千万不要在危险的悬崖边照相，以防发生意外。

登山时，穿运动鞋，背双肩包。千万不要在危险的悬崖边照相，以防发生意外。

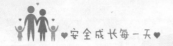

划船

　　千万不要瞒着爸爸妈妈私自和小伙伴跑去划船。因为我们年龄还小，不懂划船的技巧和方法。在划船时，一旦发生意外，没有办法应对。

　　划船时即使有大人陪伴，我们也要格外小心。应尽量坐在船的中心部位，不要俯下身用手撩水嬉戏，也不要在船上仰卧或做各种怪动作，更不要在船上和小伙伴打闹或来回走动，因为这样都是非常危险的。

　　千万不要和小伙伴在船上争抢着划桨，也不要在水面上划船追逐或贴近其他船只，以免船只相撞，发生意外。

放风筝

　　春暖花开的时节，天上各式各样的风筝也是春天里一道亮丽的风景。然而这一根根纤细的风筝线，虽然看上去毫不起眼，但是可能会成为伤人的利器。所以，放风筝也要注意安全。

　　应选择空旷处放风筝。公园里、广场上、小山丘上、河川旁或海边空旷处较适宜放风筝。

　　在机场旁、电线杆附近、火车道旁、高楼楼顶，绝对不可以放风筝。

　　留意天气变化，如有台风、雷击现象，应马上停止放风筝并远离空旷处。

　　应选择适合我们且能配合风速的风筝，切勿轻视风的力量。

　　特技风筝飞行速度快，切勿做低飞或惊吓他人等危险动作。

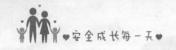
放风筝时，最好戴上一副手套，以免被线划伤手。

如果风筝线因某种原因断掉，要将断线全部收回，不要随意乱扔。因为人们在行走或骑车的时候，断线有可能成为伤人的利器。

如果风筝挂在树上无法取下，不要一走了之，要剪断风筝线并收回，避免风筝线绷紧后伤人。

钓鱼

钓鱼是在水边进行的户外活动，需要准备的工具和注意的事项很多。我们需要有家人的陪同才能去钓鱼。

不可以不告知家长，独自一人或者和小伙伴们到水边钓鱼。因为钓鱼要蹲在水边，水边的泥土、沙石长期被水浸泡，变得松软，有些岸边还长了一层苔藓，这些都有使我们掉入水中的危险。如果附近没有人及时救援，我们就会有生命危险。

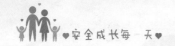

游泳

　　游泳是一项十分有益的活动，但同时也存在危险。

　　游泳需要经过身体检查。患有心脏病、高血压、肺结核、中耳炎、皮肤病、严重沙眼等各种传染病的人不宜游泳。处在月经期的女同学也不宜游泳。

　　我们要谨慎选择游泳场所，不要到江河湖海中游泳。

　　下水前要做准备活动。可以跑跑步，做做操，活动开身体。还应用少量冷水冲洗一下躯干和四肢，这样可以使身体尽快适应水温，避免出现头晕、抽筋等现象。

　　饱食或饥饿时，剧烈运动和重体力劳动后，都不要游泳。

　　水下情况不明时，不要跳水。

　　发现有人溺水，不要贸然下水营救，应大声向成年人救助。

网络安全常识

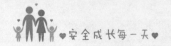

暗藏陷阱的网络

网络上有人专门收集别人的资料去做坏事，因此千万不要告诉别人自己和家人的详细资料，譬如姓名、身份证号码、电话、家庭地址、出生日期、各种账号与密码等。

陌生人寄来的邮件、发来的链接可能藏有病毒、间谍软件，或者会链接至危险的网站。若收到陌生人寄来的邮件，请立刻删除。陌生人发来的链接，请忽略不理，不要因为好奇而点开附件或点击链接。

我们若在网络上购物，一定要在下单前让家长知道。要选择安全机制健全、有信誉的网店，并注意商品内容、金额与付款方式。

不要在公用电脑上输入账号、密码等个人讯息，以免留下记录，被有心人士利用。若使用公用电脑登录网站，要确认浏览器自动记录账号与密码的功能是关闭的，

且离开前一定要记得按正确程序将浏览器关闭，以免他人用我们的账号登录网站。

　　如果不确定收到的信件内容是否是真实的，就不要散布给亲友，以免造成不必要的困扰与恐慌，甚至被坏人利用。

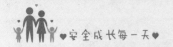

认真识别不良信息

　　若在网络上看到让我们感觉怪怪的、不舒服的文字、图片或其他内容，我们应立即离开该网页，或让家长确认该网页是否适合我们。

　　若看到网站注明"未满十八岁者不得进入"或类似的讯息，我们要立即关闭该网站。因为这些网站大多有病毒或木马，点击进入后，电脑会遭到攻击，甚至会丢失个人信息。

警惕网络交往

即使在网络上遇到很友善、有趣的朋友，也要记住，现实生活中我们还是陌生人。他们内心也许不像网络聊天时表现的或自己形容的那么好。所以，我们不应随便与网友见面，更不可以单独见面。假如一定要见面，必须找可靠的大人陪我们前往。

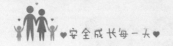

遵守网络法规

　　我们应尊重知识产权与相关法律。除非版权所有者同意，不应随意复制、下载、分享各种音乐、影片、商业应用软件或其他类型的文档。

　　虽然网络上别人可能不知道我们是谁，但仍然要尊重他人、遵守法律，千万不可以做坏事。

　　不可以在网络上做违反公共秩序、伤风败俗及法律所禁止的事。

自救小常识

食物中毒

　　食物中毒多数由细菌感染引起，少数由含有毒物质的食物以及食物本身的自然毒素等引起。发病一般在进食后数小时，症状为频繁呕吐、腹泻。

　　如在家中发病，就呕吐、腹泻、腹痛的程度进行适当处理。所以，我们应学会简单的急救知识。

　　补充液体，尤其是开水；补充因上吐下泻所流失的电解质，如钾、钠及葡萄糖；避免制酸剂；先别止泻，让体内毒素排出之后再向医生咨询；无须催吐；饮食要清淡，先食用容易消化的食物，避免食用刺激性的食物。

　　若无缓解迹象，出现失水明显，四肢冰冷，腹痛腹泻加重，极度衰竭，面色苍白，大汗，意识模糊，说胡话，抽搐，甚至休克，应立即送医院救治，否则会有生命危险。

球打眼睛

运动时，若球打到眼睛上，会出现眼睛睁不开，眼圈发青、发肿的情况。应立刻用冰袋或浸透冰水的毛巾冷敷，以减轻伤痛和肿胀。如果过了1个小时还没有缓解，应该立即就医。

如果有出血的情况，应立即就医。

异物进入眼睛

如果有煤屑、沙子等进入眼睛，千万不要用手揉，应当采取下列方法。

异物进入眼睛便会引起流泪，这时可以用手指捏住眼皮，轻轻拉动，使泪水流到有异物的地方，将异物冲出来。

可以请人用食指和拇指捏住眼皮的外缘，轻轻向外推翻，找到异物，用嘴轻轻吹出异物，或者用干净的手帕轻轻擦掉异物。翻眼皮前要注意将手洗干净。

如果眼中的异物已经嵌入角膜，或者发现其他异常情况，千万不要自行处理，应请医生处理。

肚子疼

肚子疼是我们经常会遇到的情况。有时候是因为吸了冷空气，或是吃了不干净的东西。但是有些肚子疼是由急性疾病引起的，病痛变化多、发展快。如不及时就医治疗，有可能在短时间内危及生命。

我们在肚子疼的时候，应首先观察是否想大便，去卫生间试试。如果疼得厉害，应立即告诉家长或者老师，去医院及时治疗。

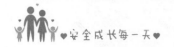

脱臼

关节脱位也称脱臼，是指构成关节的上下两个骨端发生了错位。肩、肘、下颌及手指关节最易发生脱臼。

一旦发生脱臼，有时可能会形成习惯性脱臼，所以在拉手时，务必注意不要用力过猛。

如何判断是否脱臼了呢？脱臼了的手会松弛无力地垂下。脱臼的部位会非常疼，既不能抬起，也拿不住东西。

肩部发生了脱臼，可请家长或者老师用杂志、厚报纸或纸板托住手肘，用围巾将手肘固定在胸部，避免肩关节活动，减少疼痛，然后立即去医院进行复位治疗。

扭伤脚踝

扭伤了脚踝，首先要抬起伤脚，不让它再负重。千万不要按摩、热敷脚踝。有条件的话，可以用冰袋冷敷，起到消肿止痛的作用。之后要立刻去医院检查是否还有骨折等其他损伤。如果只是单纯的扭伤，那么只需要物理治疗。

伤后48小时内要多休息，不要让伤脚负重。每天冰敷4次，一次15分钟左右，敷完后用绷带压紧抱扎。

一般情况下10天左右就能基本康复，但走路还有些疼，要非常注意，避免走长路和跑跳。坐或躺时要经常把伤脚抬起来。穿的鞋最好加上后跟软垫，减少踝骨的压力。

岔气

岔气的时候，停下正在进行的活动，千万不要硬挺。

试着向上伸展疼痛一侧的胳膊，可能的话，尽量将胳膊举过头顶。

用另外那只手按摩、按压与疼痛部位最接近的皮肤表面。

适当向前弯腰，这样可以帮助膈肌放松。

如果所有努力都不见效，别泄气，试着憋一口气，然后逐渐调整呼吸节奏，做深呼吸，让吸气、呼气的过程从短、浅、快，过渡到长、深、慢。这样可以减轻岔气的疼痛。

运动前要热身。在运动过程中用深长式呼吸，不要用短浅式呼吸，这样可以有效地避免岔气。

流鼻血

　　流鼻血的原因有很多，如太干燥、挖鼻孔等。流鼻血时需迅速采取措施止血。

　　可以将流血一侧的鼻翼捏住，并保持5至10分钟，使鼻孔中的血液凝固，即可止血。如两侧均出血，则捏住两侧鼻翼。鼻血止住后，鼻孔中多有血块，不要急于将它们弄出，尽量避免用力打喷嚏或用力揉，防止再次出血。

　　左鼻孔流血，举起右手臂，反之亦可。数分钟后即可止血。

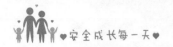

异物进气管

不能把小球、纽扣等小东西放到嘴里含着玩，这些异物极容易呛入气管。

一旦有小伙伴发生异物进入气管的危急情况，应立刻从身后将他抱住，双手互握放在他上腹部的正中，然后突然向其后上方用力压迫。注意不要弄伤他的肋骨。这样，一股气流猛然从气管中冲出，可排出异物。

如果异物进了自己的气管，且周围没有人，应站直，将下巴抬起，使气管变直。然后让上腹部靠在椅子的背部顶端或桌子边缘。突然向椅子或桌子猛力施压，气管异物就会被气冲出。

如上述方法无效，须立即去医院诊治。

异物进鼻孔

　　如果鼻孔进了异物，不能用手指抠鼻孔，也不能用探针之类的东西捅鼻孔，因为会把异物推向鼻孔深处，造成严重后果。

　　如果异物塞在一侧鼻孔，可用纸捻、小草、头发等刺激另一侧鼻孔，试着打喷嚏，鼻孔里的异物会被喷出来。

　　如上述方法无效，须立即去医院诊治。

异物进耳朵

耳朵进了异物，切不可用掏耳勺等物品伸入耳内掏挖，以免将异物越推越深，刺伤耳膜，造成严重后果。

若小虫子进入耳内，可用电灯或手电筒靠近耳朵照射外耳道。虫子喜光，会顺着光线爬出来。

如果水进入耳内，可用脱脂棉球把耳内的水吸出。也可将身体弯向进水一侧的耳道，使耳道向下，单脚跳跃，水即可流出。

小东西进入耳内，可将身体弯向有异物的耳朵一侧，使耳道向下，单脚跳跃，直至异物掉出。

如上述方法无效，或耳朵里因有异物而疼痛、发炎，应速去医院诊治。

鱼刺卡喉咙

鱼刺卡在喉咙上时，不要慌张，不能采用大口干咽饭团的办法试图将鱼刺推下去。这样做，细软的鱼刺可能侥幸被带进胃里，但大而坚硬的鱼刺则有可能因此越扎越深，甚至刺破食管，造成严重的后果。

这时应该请人立即用汤匙或牙刷柄压住舌头的前端，在亮光下仔细察看舌根部、扁桃体、咽后壁等，尽可能发现鱼刺，再用镊子或筷子将鱼刺夹出。如果咽反射强烈，恶心而难以配合，可以做哈气动作，减轻不适。

如果实在找不到鱼刺，但仍觉得鱼刺卡在咽喉，可将橙皮切成小块，口含慢慢咽下；或者含化2片维生素C，徐徐咽下。这样可以软化鱼刺。

如上述方法无效，应当禁食，尽快去医院诊治。

被蜂类蜇伤

蜂的种类有很多，有蜜蜂、黄蜂、大黄蜂、土蜂等。蜇人的都是工蜂，因为它的腹部末端有与毒腺相连的螫针。当螫针刺入人体时，随即注入毒液。

被蜂类蜇伤后，轻者仅局部出现红肿，感到疼痛，有灼热感，也可能会有水泡、淤斑、局部淋巴结肿大。数小时至2天，这些症状会自行消失。

如果身体多处被蜂群蜇伤，会引起发热、头痛、头晕、恶心、烦躁不安、昏厥等全身症状。蜂毒过敏者，可能会引起荨麻疹、鼻炎、唇及眼睑肿胀、腹痛、腹泻、恶心、呕吐等症状。个别严重者会喉头水肿、气喘、呼吸困难、昏迷，终因呼吸、循环衰竭而死亡。

一旦被蜂类蜇伤，首先要仔细检查伤口。若皮肤内留有毒刺，应该将它拔除，然后用肥皂水或食盐水冲洗。症状严重的话，就要尽快去医院治疗。

一旦被蜂类蜇伤，首先要仔细检查伤口。若皮肤内留有毒刺，应该将它拔除，然后用肥皂水或食盐水冲洗。

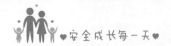

被动物咬伤或抓伤

被动物咬伤或抓伤的伤口可能会感染，要立即清洁伤口。即使是被家中的宠物抓伤或咬伤，也应采取措施。

我们可以用肥皂和大量清水充分、彻底地洗净伤口，然后采用压迫法止血。

狗和猫咬伤或抓伤的地方往往是伤口小、伤口里面深。这就要求冲洗的时候尽可能地把伤口扩大，并用力挤压周围的软组织，设法把伤口上宠物的唾液和血液冲洗干净。止血后，在伤口处涂抹抗生素软膏。

被动物咬伤或抓伤后，必须在24小时内就医，注射破伤风及狂犬疫苗。

农村生活安全常识

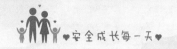

不喝不干净的水

　　乡村是一幅天蓝、山绿、水清、花艳的美丽画卷，但是饮水安全问题却很突出。当饮用水受到有毒、有害化学物质或致病微生物的污染，人饮用后，可引发腹泻、霍乱、伤寒、肝炎、痢疾等疾病，以及氟中毒、砷中毒等地方病。

　　▲如何保证饮用水的干净卫生呢？

　　优先饮用瓶装水或开水。如果没有条件烧开水，可饮用消毒后的水。不喝被污染的水，不用浑浊、有颜色的水洗漱等。

　　取水优先选井水、泉水，也可选河岸渗滤水。

　　盛水器具要经常消毒，并用干净的水冲洗。

　　有消毒剂味道的水是较安全的饮用水。

　　选择水源的顺序为井水、泉水、山溪水、江河水、水库水、湖水、池塘水，要结合实际情况选择。

▲如何判断水是否能喝呢？

在没有条件检测饮用水是否安全或者在野外无确定水是否干净的情况下，我们可以用"五步法"简单判断水能不能喝。

看：干净的水应该无色、透明、无异物，取水处无漂浮的死亡动物尸体。

闻：干净的水闻起来没有异味。

摸：干净的水摸起来不黏不稠。

舔：干净的水没有味道，如果发现水有酸、涩、苦、麻、辣、甜等味道，则不能饮用。

验：可以用 pH 试纸等简易的随身检验设备对水质进行快速检测，合格后才能饮用。

 顺口溜

不洁饮水不要喝，野外再渴须忍耐。发觉不适别耽误，速送医院莫惊慌。

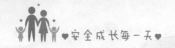

警惕可怕的火星火苗

　　农村的可燃物品多，农村居民区缺少火灾消防系统，农村距城市专业消防队遥远，农村还是防止森林山火的第一线，因此农村的火灾预防工作比城市更紧迫。

▲用火后怎样防止"死灰复燃"呢？

　　应把未烧尽的灰用水浇灭后再倒出去。如果是在野外烤火，一定要将余火熄灭或用沙、土埋好再离去。把烧过的灰倒在安全的地方，不要倒在饲养棚边或柴堆边。让灰在炉里或火盆里过夜，温度彻底降下来再掏出来。

▲怎样防止稻草堆和粮食燃烧呢？

　　粮食和稻草堆都是可以自燃的。在湿度较高的条件下，粮食和稻草会发生霉变，逐渐因化学反应产生热量，最后达到燃点，引起粮食和稻草自燃。同样，麦秆、烟草等也会自燃。所以要经常通风、翻晒，在阴雨天后尤其必要。

在公路上晒麦秆、稻草，行驶中的车辆排气管喷出的火星可使麦秆、稻草等可燃物着火。草料也有可能缠绕在车辆底盘的螺丝、轮轴上，然后因高温而迅速起火并蔓延，严重时甚至会烧毁车辆。所以，不要在公路上晒麦秆、稻草。

▲堆放燃料有哪些注意事项呢？

有些地方用柴烧火做饭或取暖。堆放木柴必须要远离灶台，同时要注意放置数量不要太多。做完饭后要检查，看柴堆周围是否遗留火种。有些地方用煤烧火做饭或取暖。如果露天堆放煤，不要堆太多，而且应当远离建筑物，以免煤自燃起火。

顺口溜

麦场柴堆最怕火，不玩炮仗不玩火。火灾一旦发生了，不要惊恐和慌乱。如果火苗烧得小，想法把它消灭掉。如果火苗烧得大，拨叫火警别耽搁。

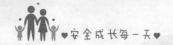

防止触电

　　不准私拉乱接电线；不要在电线底下盖房、堆柴草、打场、打井、栽树，以防触电伤人和起火；提醒大人在电线附近立井架、修理房屋或砍伐树木时要采取措施，若可能碰到线路设备，要请供电所停电后再进行；晒衣服的铁丝和电线要保持足够的距离，不要缠绕在一起，也不要在电线上晒挂衣服；不玩电器设备，不爬电杆，不爬变压器，不晃动拉线；不在电线附近放风筝、打鸟；不往电线、瓷瓶和变压器上扔东西；电线断落时不要靠近，要找人看守，并赶快找供电所处理；发现树杈碰触电线，要马上找供电所处理；非供电所人员不许操作高压开关，不许进入配电室动。

正确使用农具

电动农机具的金属外壳必须有可靠的拉地装置或临时拉地装置，以避免发生触电事故。

移动电动农机具时，必须事先关掉电源，千万不可带电移动。

电动农机具发生故障，需断电找专业人员检修，不能继续带电作业。

长期未用或受潮的农机具，应进行试运转。如果通电后不运转，必须立即断电让专业人员修理。

不要用手和湿布摸、擦电器设备，不要在电器上晾晒衣物。

电器一旦起火，要立即拉闸断电。不要在拉闸断电之前泼水救火，以防传电、漏电。

如果有人触电，要先切断电源再救人。

反对迷信

　　迷信自古愚昧、落后，在与科学的较量中，已经越来越没有市场，但封建迷信并没有销声匿迹。目前，由于多种原因，已经消失多年的神婆、算命先生在农村又活跃起来，他们正变换着各种外衣卷土重来，迷信的危害不可低估。

　　我们作为祖国的花朵，要好好学习，努力掌握科学知识，树立科学态度。要提高科学文化水平，以科学改变无知，以文明破除愚昧。要加强科学理论的武装，提高科学素养。用科学的知识解释各种奇异的自然现象，以科学的态度研究、探索未知的领域。

小心煤气中毒

煤气中毒是指一氧化碳中毒。一氧化碳是一种无臭、无色、无刺激性的气体，不易为人们察觉。

一氧化碳极易与血红蛋白结合，使血红蛋白丧失携带氧的能力，造成窒息，严重的甚至死亡。同时，一氧化碳对人体全身的组织细胞都有毒性作用，对大脑皮质的影响尤为严重。

▲冬天使用煤炉时，我们应该采取哪些措施预防煤气中毒呢？

科学使用煤炉，装上烟筒并使其完整无缺，伸出窗外的部分要加上防风帽。

煤炉、烟筒子一定要密封。

白天用煤炉做饭时要打开窗户，让空气流通。

以防万一，可在家里安装一个换气扇。

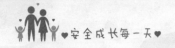

▲一旦发生煤气中毒，我们应该怎样做呢？

　　家中用炉子，必须时刻警惕煤气中毒。一旦发现家人和自己煤气中毒了，要立刻用湿毛巾捂住口鼻，迅速打开门窗通风。轻度中毒、意识清楚的人，要先解开他的衣扣，使他的头后仰，并用湿毛巾冷敷前额降温，可喝些热糖茶水或其他热饮。若中毒者情况危急，应呼喊邻居帮忙，或拨打120，及时送往医院治疗。

农药兽药要收好

▲怎样防止农药中毒呢?

在使用农药,特别是剧毒农药或新品种农药前,必须了解这些农药的使用方法、注意事项及中毒的表现等。

要有专人保管农药,切勿与粮食、蔬菜、瓜果、工具、化肥等混放在一起。

尽量避免农药沾到皮肤上。皮肤沾上农药时,要立即用大量清水冲洗。

每次施药后,剩余药液及器具不可乱倒乱放。平时要提醒大人加强对施药器具的维修和保管。

▲一旦发生兽药中毒,我们应该怎么做呢?

通过管理部门批准生产的兽药,一般毒性较小,但是过量服用会使人轻微或中度中毒。中毒的主要表现为药物过敏。当误服兽药出现口吐白沫,眼睛翻白,手脚

农药、兽药要有专人保管，切勿与粮食、蔬菜、瓜果、工具、化肥等混放在一起。

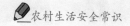

麻木、抽筋，皮肤斑疹等症状时，应立即送往医院救治，采取洗胃、催吐、镇静、脱敏等措施对症治疗。

　　注意要将兽药与日常用药分开存放。我们不能拿兽药玩，更不能吃。

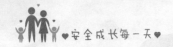

危险的水库、河流和湖泊

酷暑难耐，经常有成人和孩子到水库、河流、湖泊游泳、钓鱼。冬天，也会有人在上面滑冰。即使管理部门立着"静止游泳、垂钓"的警示牌，仍然难以禁止。在这些地方野泳、野钓、野滑非常危险。因为野外的环境无法保障安全，周围人烟稀少，一旦发生事故，救援人员即使在最短的时间内赶到现场，往往已经过了最佳救援时间。

水库虽然水质较好，没有污染，但水库的水一般较深，深的有几十米，浅的也在 5 米以上。水库的水很凉，游泳者易抽筋，同时，水库岸陡，溺水难以施救，十分危险。

河流的汛期是 6 月至 8 月，水流湍急，危险性很大。江底有暗流旋涡，还可能有因为采沙而形成的深坑，有些深坑达数米，一旦卷入其中便难以脱身。

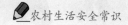

　　湖泊表面平静，其实底部暗藏凶险，一旦溺水，难以被发现。同时水下地形复杂，不少水下有深沟、大坑、水草和一些遗失的渔网，且湖底多年未清淤，营救困难。

　　我们不应在水库、湖泊、河流游泳、钓鱼、滑冰。

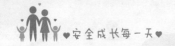

预防传染病

传染病是指细菌和病毒等病原体侵入人体后使人得病，并且能在人群中相互传播的疾病。传染病一般可分为消化道传染病、呼吸道传染病、昆虫媒介传染病、动物源性传染病、寄生虫病。

▲传染病是怎样传播的呢？

传染病的发生是有一定规律的，掌握了它，便于我们采取预防措施。传染病在人群中的流行过程有三个基本环节，即传染源、传播途径、易感人群。

传播途径指传染源排出病原体，要通过一定的方式侵入易感者，一般包括以下几种方式。

空气传播：通过飞沫、尘埃传播。麻疹、SARS、流行性感冒、流行性脑脊髓膜炎等所有的呼吸道传染病，都可以通过空气传播。

水传播：水源受到污染，接触或未经消毒饮用后，可引起传染病。肠道传染病，如霍乱、伤寒、痢疾、甲型肝炎等，都可以通过水传播。

食物传播：肠道传染病和结核、白喉等呼吸道传染病，都可以通过污染的食物传播。蔬菜被粪便污染后，可传播肠道传染病和寄生虫病。

接触传播：通过手可传播肠道传染病，疯狗咬伤可直接传播狂犬病

虫媒传播：昆虫如蚊、蝇等通过叮咬、吸血传播某些疾病。

土壤传播：蛔虫等寄生虫虫卵及破伤风杆菌等细菌的芽孢可在土壤中生存，侵入人体后会引起寄生虫病和破伤风。

▲如何预防传染病呢?

肠道传染病的预防措施：不喝生水；生吃的瓜果、蔬菜要洗净，最好用消毒液消毒；不吃未加热的熟食，隔夜的饭菜要加热后再吃；不暴饮暴食，夏秋季节天气炎热，肠胃消化能力减弱，暴饮暴食会增加肠胃负担；饭前便后洗手，不吃别人用不干净的手拿过的食物；外

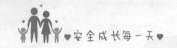

出购买食品，要监督售货员用工具取食物；使用消毒后的食堂、饭馆餐具；不吃苍蝇爬过的食物。

呼吸道传染病的预防措施：尽量不与患有呼吸道传染病的病人密切接触。发病季节尽量少到公共场所，因为这些地方人多拥挤，空气不好，得传染病的几率高。不随地吐痰，无论是病人还是健康人的痰和鼻涕都含有大量的病菌。随地吐痰、乱擤鼻涕会传播疾病，是不文明的坏习惯。吐痰应吐入痰盂或吐到纸上再扔进垃圾箱。搞好预防接种工作。

赶集和赶庙会

在农村，少不了赶集、办年货、看大戏、赶庙会，但是人流密集容易发生严重的踩踏事故。在出现紧急情况时，我们要做到以下三点保护自己。

一是要顺着人流向两侧移动。在有限的空间形成密集人流，一旦发生异常，切不可逆着人流行进，也不要停下，更不要硬挤。应该一边顺着人流，一边向两侧移动，直到移出人群。

二是要把自身安全放在第一位。如果陷入人群之中，最紧要的是镇定，身上如有财物掉落，千万不要蹲下或弯腰去捡，要把宝贵的生命放在第一位。

三是要保护好身体脆弱的部位。在人群中遭遇挤压被推倒，要尝试抓住任何东西站起来。十分拥挤且无法移动时，要两手十指相扣地护住后脑和颈部，两肘向前护住胸肺部，尽量把身体蜷成球，保护身体最脆弱的部位。

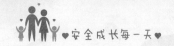

防范传销

传销是要求被发展人员以交纳一定费用为条件取得加入资格等方式牟取非法利益、扰乱经济秩序、影响社会稳定的行为。

▲传销常用的欺骗手段都有哪些呢？

许诺高额回报。传销组织利用人们的致富心理，许诺高额回报，引诱参加者交纳一定的费用或购买产品，作为加入该组织的条件。

打着时髦的旗号。传销组织经常打着连锁销售、直销、资本运作、网络销售、电子商务、特许经营等旗号，诱骗他人加入。

从亲朋好友入手。传销组织发展人员，首先对亲戚、朋友、同学、同乡、同事、战友等熟人下手，借口提供工作、做生意、旅游等。

把人骗往异地。多数传销是把人员骗往外地，吃住在出租屋，并以帮助保管身份证为由限制人身自由。

进行洗脑。传销组织采取开会、上课等方式对参加人员进行洗脑，灌输传销理念、计酬制度和拉人方法。许多人被洗脑后长期不能自拔。

▲如何防范传销呢？

学习有关法律规定，掌握识别传销的方法，提醒自己、家人和亲朋树立勤劳致富以及传销违法、拒绝传销的思想。

当发现自己或家人被骗入传销组织后，在可能的情况下，收集、保存相关的证据和线索，提供给执法机关，以便及时、准确地打击违法犯罪活动。

如果被骗到外地，一定要机智、冷静应对，在确保自身安全的情况下设法逃脱。如果发现该组织从事传销活动，应设法向当地公安机关、工商机关举报。

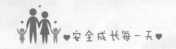
▲我们应该如何应对已进入传销组织人员的"邀约"呢?

传销组织会以各种理由"邀约"别人,常见的有介绍工作、介绍对象、一起旅游或探望亲人等。牢记天上不会掉馅饼,路上不会长黄金,做个诚实本分的人,不贪横财,不图小利。面对天上掉下来的奖品、优惠等,理智、冷静、不轻信,骗子就难以接近我们。

对那些素不相识、千方百计与我们套近乎的人,要格外小心。

不辨真伪的东西不要盲目购买,不相信任何带迷信色彩的伎俩。

对陌生人提供的饮料、食品等要婉言拒绝,以防不法分子用麻醉药加害我们。

当遇到以上情况时,要提高警惕,并告知家长或老师。

谨防拐骗抢

　　大人外出务工，家里只有老人和孩子，很容易被不法分子登门诈骗，甚至明目张胆地上门抢劫，同时也容易受到骗子花言巧语的迷惑。如果骗子发现无法让我们上当，他们可能会直接抢劫。

　　爸爸妈妈不在家时，我们和爷爷奶奶一定要提高防骗意识。不贪图陌生人的小便宜，不轻信陌生人。平时多跟邻居交好，保持跟邻居快速、畅通的联系，相互照应。

　　如果住在离村庄较远、独门独户的地方，由于跟左邻右舍的住所都存在一定距离，骗子花言巧语行骗时，往往没有左邻右舍过来凑热闹，也就难以有旁观者及时识破骗局。就算骗子的意图被发现，呼救后邻居听到赶来，骗子也早已逃之夭夭。如果骗子人多，他们也可能采取强硬手段，根本不让我们有机会呼救。因此，不要轻易让陌生人进入屋内。一旦发现不对劲，就迅速跑出，

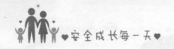
同时大声向邻居求助。

有一类骗子是人贩子，他们专门拐卖妇女儿童。他们装扮成货郎，开着摩托车，载着体积很大的货箱，货箱里其实没有多少货，几乎是空的，或是开着面包车，在村里到处转。他们表面上卖货，但并不认真卖货，专门往僻静人少有小孩的地方走。此外，这些人往往一个村只来几次，因此看着都是生面孔，不是本地人熟识的乡邻货郎。遇上独自活动的小孩，他们会迅速将其迷倒，装到杂货箱里。实在遇不上独自活动的小孩，他们也会对单独一个人带小孩的妇女或老人下手，用药迷倒或打倒大人，再迷倒小孩装进箱子里。有的骗子还会假装卖货，闯进独门独户的庭院，看是否有机会下手，有机会的话就会直接抢人。平时我们在村里要商量好，想好互助防贼的办法，尽量结伴同行。切记不要让陌生商贩进入家中。

反对邪教

邪教组织是指冒用宗教、气功或其他名义建立，神化首要分子，利用、制造和散布迷信邪说等手段，蛊惑、蒙骗他人，发展、控制成员，危害社会的非法组织。我国的"法轮功"，就是彻头彻尾的邪教组织。

在现实生活中，邪教组织常利用"真、善、忍""消业""免灾"等虚无缥缈的歪理邪说诱骗群众加入其组织；或者趁人们生活遇到困难，以济贫救世的面目出现，施以小恩小惠，使人感恩而加入其组织；或者有人身患疾病，久治不愈，以介绍秘方、宣扬特异功能等手段引诱群众上钩。

▲如何防范、抵制邪教的渗透和诱惑呢？

面对邪教的渗透和诱惑，我们可以从"四要"入手防范和抵制邪教。一是对邪教的歪理邪说要做到不听、

不信、不传；二是对邪教的违法犯罪活动要做到主动检举揭发，可以立即向家长、老师、警察反映情况，遇有公开聚集滋事等情况，可直接拨打110报警；三是日常生活中要做到破除愚昧、反对邪教；四是要树立正确的世界观、人生观和价值观，正确对待人生的坎坷，增强追求美好生活的勇气和信心。

紧急求救报警常识

国内紧急救助电话

处于险境，发生灾难、急危重症或个人无法解决的突发事件，都应拨打 110、119、120、122、112、12395等社会紧急救助电话。

110，为发生打架斗殴、盗窃抢劫、强奸杀人等治安事件，公民孤立无援；发现溺水、坠楼、自杀等意外伤害事故；老人、儿童、智障人士或精神疾病患者走失；水、电、气、热等公共设施出现险情，需要人民警察帮助时的报警求助电话。

119，为发生火灾，呼唤消防人员的报警求助电话。报警时，应尽可能准确地报出失火地点、着火物资、火势、是否有人被困火场等。119还参与其他灾害事故的抢险救援，包括危险化学品泄漏、水灾、风灾、地震、建筑物倒塌、空难、恐怖袭击等。

120，为全国统一的医疗急救电话，是在发生急危重症时，需要救护车和急救医生抢救病人和伤员的求助电话。打电话时，要告诉对方病人的基本情况和自己的联系方式。

122，为发生交通事故，需要交通警察处理的报警求助电话。报警后要注意保护现场，不要随意移动伤员，以免加重伤情。

112，为行动电话紧急救难专线。假如在荒无人烟的山沟遇到了麻烦，手机没有信号，甚至电力极其微弱，任何品牌的手机皆可拨通 112。拨出 112 后，马上会进入语音说明："这里是行动电话 112 紧急救难专线。如果您要报案，请拨 0，我们将会为您转接警察局；如果您需要救助，请拨 9，我们将会为您转接消防局。"中文讲完后，还会以英文重述一遍。此时只要拨 0 或 9，一定会有人接听。

12395，为海上搜救中心报警求救电话。海上船舶一旦发生碰撞、触礁、搁浅、漂流、失火等海难事故，以及人员落水、疾病等需要救援的紧急情况，拨打 12395，海上搜救中心将协调发生海难所在地的部队、海事、边防、交通等有关搜救单位，及时实施海上救援。

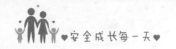

▲如何拨打110报警电话呢?

拨通110电话后,应再追问一遍:"请问是110吗?"一旦确认,要立即说清楚案发、灾害事故或求助的确切地址。

简要说明情况。如果求助,应说清因为什么事;如果发生了案件,应说明歹徒的人数、交通工具及作案工具等情况;如果发生了灾害事故,应说清灾害事故的性质、范围和损害程度等。

说清自己的姓名和联系电话,以便公安机关与我们保持联系。

如果歹徒正在行凶,拨打110报警电话时要注意隐蔽,不让歹徒发现。

▲如何拨打119报警电话呢?

拨打火警电话,要沉着镇静,听见拨号音后,再拨119号码。

拨通119后,应再追问一遍对方是不是119,以免拨错电话。

准确报出失火地点的详细地址。如果说不清楚,可说出周围明显的建筑物或道路标志。

简要说明由于什么原因引起的火灾和火灾的范围，以便消防人员及时采取相应的灭火措施。

不要急于挂电话，要冷静地回答接警人员的提问。

电话挂断后，应有人在路口接迎消防车。

▲如何拨打 120 急救电话呢？

拨通 120 后，应再问一句："请问是医疗急救中心吗？"以免打错电话。

说清需要急救者的地址、年龄、性别和病情，以利于救护人员及时、迅速地赶到急救现场，采取急救措施，争取抢救时间。

说清自己的姓名和联系电话，以便救护人员和我们保持联系。

▲切忌随意拨打报警电话

110、119、120 报警电话是为群众应急服务的特种专用电话，必须在遇到紧急情况时方可拨打。不能随意拨打报警电话，更不能用报警电话取乐玩笑。对于故意报假警或干扰报警服务台工作的，公安机关将依法处理。

拨通120急救电话后，要说清需要急救者的地址、年龄、性别和病情，以利于救护人员及时、迅速地赶到急救现场，采取急救措施，争取抢救时间。

紧急求救信号

SOS 是国际通用的求救信号。一般情况下，重复三次都象征求助。根据自身的情况和周围的环境，可以点燃三堆火、制造三股浓烟、发出三声响亮口哨或呼喊等。

火光信号：国际通用的火光信号是燃放三堆火焰。火堆摆成三角形，每堆之间的间隔相等最为理想。保持燃料干燥，一旦有飞机路过，尽快点燃求助。尽量选择在开阔地带点火。

浓烟信号：白天，浓烟升空后与周围环境形成强烈对比，易被发现。在火堆中添加绿草、树叶、苔藓或蕨类植物等都能产生浓烟。潮湿的树枝、草席可熏烧更长时间。

旗语信号：用一面旗子或将一块色泽鲜艳的布料系在木棒上。打旗语时，左侧长划，右侧短划，做"8"字形运动。简单划动也可，左边长划一次，右边短划一次，

前者应比后者用时稍长。

声音信号：如果距离较近，可大声呼喊求救，三声短，三声长，再三声短，间隔一分钟后重复。如果有哨子或者金属物，可以吹响哨子或猛击金属物，向周围发出求救信号。

反光信号：利用阳光和一面镜子即可发出求救信号。如果没有镜子，可利用罐头盖、玻璃、金属片等反射光线。

信息信号：遇险人员转移时，应留下一些信号物，以便救援人员发现，如将岩石或碎石摆成箭头，指示方向；将棍棒支撑在树杈间，顶部指向行动方向；在一卷草束的中上部系上结，使其顶端弯曲指示行动方向；在地上放置一根分杈的树枝，用分杈点指示行动方向；用小石块垒成大石堆，旁边再放一小石块，指示行动方向；用一个深刻于树干的箭头形凹槽表示行动方向；两根交叉的木棒或石头意味着此路不通；用三块岩石或三根木棒平行竖立，表示危险或紧急。

抛掷软物求救信号：当我们在高楼遇到危难时，可以抛掷软物，如枕头、塑料空瓶等，向地面发出求救信号。

12110 短信报警

　　为了满足特殊群体或特殊报警场合的需求，公安部已确定将 12110 作为全国公安机关统一的公益性短信报警号码，免收短信费用。

　　以前，听力语言残疾人士这一特殊人群，只能采取上门报案或通过亲朋好友代为报案的方式报警，十分不便。12110 短信报警服务的推出，大大方便了这一特殊人群。听力语言残疾人士只要在报警内容后加上字母"L"，警方将在同等情况下优先处理。

　　除听力语言残疾人士外，如在公交或客车上遭遇抢劫、扒窃、设赌诈骗、超载等违法犯罪活动，被绑架、非法拘禁等人身受到限制，在赌博、卖淫和贩毒等复杂场所，以及其他不便打报警电话的情形，均可使用12110 短信报警。

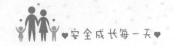

▲如何进行 12110 短信报警呢？

我们在报警的时候，应尽可能简要、准确地写明事件性质、地点和时间等要素，以便警方准确、快速地实施救援。

在某种局限空间内，如卧室内、车内短信报警，违法犯罪分子就在旁边，为防止警方的短信回复被发现，应事先将短信息的提示音调成振动或无声。

收到非法短信，可将已收到的短信内容转发给警方进行举报。在转发前加上一句说明，如"收到一条诈骗短信……"发给 12110，以便公安机关识别。

基于短信存在延时、丢失的可能，我们在遇到紧急情况时，可多发几遍短信。同时将短信发送给亲属、朋友，由他们通过电话向 110 报警，双管齐下，确保安全。

12110 短信报警是公共服务资源，如果故意报假警或发送骚扰短信，警方将依法严肃处理。

遇险应急常识

▲遭遇街头抢劫的应急要点

在人员聚集地区遭遇抢劫，应大声呼救，震慑犯罪分子，同时尽快报警。

在僻静的地方或无力抵抗的情况下，应放弃财物，确保人身安全。待处于安全状态时，尽快报警。

应尽量记住歹徒的人数、体貌特征、所持凶器、逃跑车辆的车牌号及逃跑方向等情况，同时尽量留住现场证人。

骑自行车时，如果自行车突然骑不动了，要先抓牢车筐内的物品或背好包，再下车查看。

▲遭遇入室盗窃与抢劫的应急要点

夜间遭遇入室盗窃，应沉着应对，千万不能因一时冲动，造成不必要的人身伤害。

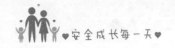

家中无人时遭遇盗窃，发现后应及时报警，不要翻动现场。

遭遇入室抢劫，应放弃财物，确保人身安全。尽量记住犯罪嫌疑人的人数、体貌特征、所持凶器等情况，待处于安全状态时，尽快报警。

▲遭遇绑架的应急要点

如果遭遇绑架，我们应尽量保持冷静，尽可能地了解自己所处的位置。

如果被蒙住双眼，可通过计数的方式，估算汽车行驶的时间和路途的远近，记住转弯的次数、大致的方向等。

在确保自身不会受到伤害的情况下，尽可能地与犯罪嫌疑人巧妙周旋，可以利用犯罪嫌疑人准许我们与亲属通话的时机，巧妙地将自己所处的位置、现状、犯罪嫌疑人情况等告诉亲属。

采取自救措施时，要选择好时机，确保自身安全。逃脱后，要立即向警方报案，提供犯罪嫌疑人的有关情况。